REGULACIÓN AUTOMÁTICA

PUBLICACIONES
DE LA UNIVERSIDAD PONTIFICIA COMILLAS
MADRID

COLECCIÓN INGENIERÍA, 25

PEDIDOS:

UNIVERSIDAD PONTIFICIA COMILLAS DE MADRID
SERVICIO DE PUBLICACIONES
Universidad Pontificia Comillas, 5
28049 MADRID. Teléf. 91 540 61 45

EDISOFER, S. L.
San Vicente Ferrer, 71
28015 MADRID
Teléf. 91 521 09 24
Fax 91 532 28 63

F. LUIS PAGOLA

REGULACIÓN AUTOMÁTICA

UNIVERSIDAD PONTIFICIA
ICAI ICADE
COMILLAS
MADRID

2006

ISBN: 84-8468-198-X

Depósito legal: M-41.213-20006
Diseño de cubierta: Belén Recio Godoy

Printed in Spain *Impreso en España*

R.B. Servicios Editoriales S.L.

Siempre a Maritere. Ahora por más todavía.

Muchas gracias a Fernando de Cuadra, Ramón R. Pecharromán, Miguel Sánchez Perea, Juan Luis Zamora, Alfredo Zazo por su ayuda, comentarios y sugerencias.

ÍNDICE

1
INTRODUCCIÓN

Los sistemas automáticos de mando, control y regulación desempeñan un papel muy importante dentro del conjunto de los sistemas industriales. Muchos desarrollos ni siquiera son posibles sin reguladores eficientes, desde los comienzos de la Revolución Industrial (por ejemplo, el regulador centrífugo de la máquina de vapor de Watt) hasta nuestros días (los ejemplos se multiplican: industrias químicas, papeleras, siderurgias, sistemas de transporte, técnicas aeroespaciales, procesos automáticos de fabricación, producción de energía eléctrica, etc.). La teoría de regulación automática ha incorporado métodos originados en disciplinas más o menos afines: especialmente en telecomunicaciones (amplificadores electrónicos en telefonía, procesamiento de señales), pero también en mecánica celeste, análisis de vibraciones, o técnicas de optimización. En otra dirección, algunas técnicas de análisis desarrolladas inicialmente para sistemas industriales están afectando también a campos aparentemente muy distintos: simulaciones con ordenador, modelos económicos y dinámica de sistemas, modelos de organización y gestión. Todo ello configura una asignatura de Regulación Automática con técnicas básicas bien definidas, un campo enorme de aplicaciones y muchas relaciones con otras disciplinas.

1.1 Un ejemplo

Se describen algunos de los temas fundamentales de la regulación automática a partir de un ejemplo, tomado de **Shinskey** (aunque el procedimiento de análisis es distinto). Se seguirán, de forma simplificada, las etapas habituales: descripción del sistema, modelado, análisis y diseño; los análisis y diseños presentan a su vez distintos aspectos.

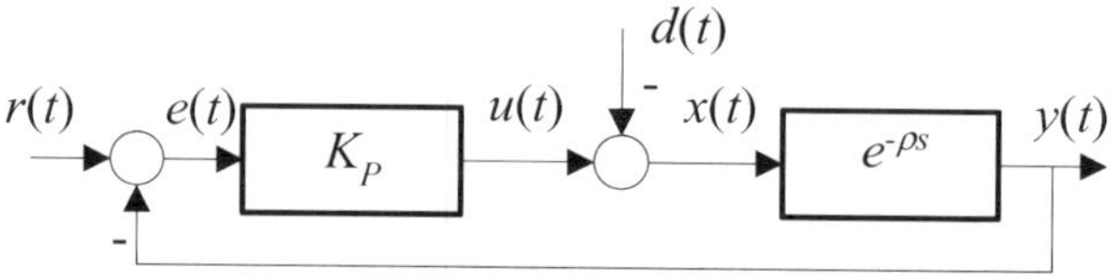

FIGURA 1.2 Diagrama de bloques de un modelo del sistema de control

La cantidad de arena $x(t)$ que admite la válvula depende linealmente de la variable de mando $u(t)$; se han tomado unidades correspondientes, o magnitudes unitarias (1 corresponde a la cantidad de arena nominal, cerca del máximo, y a la apertura de válvula que la produce en condiciones nominales de perturbación 0), para reducir a 1 la constante de proporcionalidad. Se añade el efecto de las perturbaciones (el modelado de la naturaleza de las perturbaciones puede también ser un tema importante); se supone establecido por distintas mediciones que $d(t)$ varía entre ± 0,2.

La variable controlada $y(t)$ es en régimen estático igual a $x(t)$. Pero en régimen dinámico hay que tener en cuenta que existe un retardo en el tiempo, ρ, determinado por la distancia entre válvula y sensor, y la velocidad de la cinta.

Por último, se supone una medida perfecta y un regulador proporcional: $u(t)$ es sencillamente proporcional, con constante a establecer K_P, a la diferencia entre el valor de referencia y el valor efectivo de la variable controlada.

Análisis estático

Si se supone que todas las variables son constantes en el tiempo, la ecuación dinámica se reduce a la ecuación estática:

$$y = x$$

Eliminando las variables u, x, se obtiene la salida y en función de las entradas r, d:

$$y = r\frac{K_P}{1+K_P} - d\frac{1}{1+K_P}$$

Por tanto, la influencia de la perturbación d sobre la variable controlada y se disminuye en un factor $1 + K_P$: si K_P es elevado puede disminuirse enormemente. Este efecto se debe a que la variable de mando compensa (parcialmente) el efecto de las perturbaciones, siendo tanto más sensible a pequeñas variaciones de la salida cuanto mayor sea K_P. Por otra parte, si K_P es elevado y será prácticamente igual a r.

Análisis dinámico; estabilidad

Este curso proporcionará un conjunto adecuado de herramientas para efectuar este análisis. En este capítulo será suficiente *simular* el comportamiento en el tiempo para un número limitado de situaciones. Como el modelo es muy simple, es posible realizar esta simulación sin ayuda de programas de ordenador.

Supóngase $r(t) = 1$, $d(t) = 0$. Se simulará a partir de $t = 0$ con $y(t<0) = 0$. Para distintos valores de K_P se obtienen las respuestas indicadas en la *Figura 1.3*. Se ha tomado el retardo como unidad de tiempo.

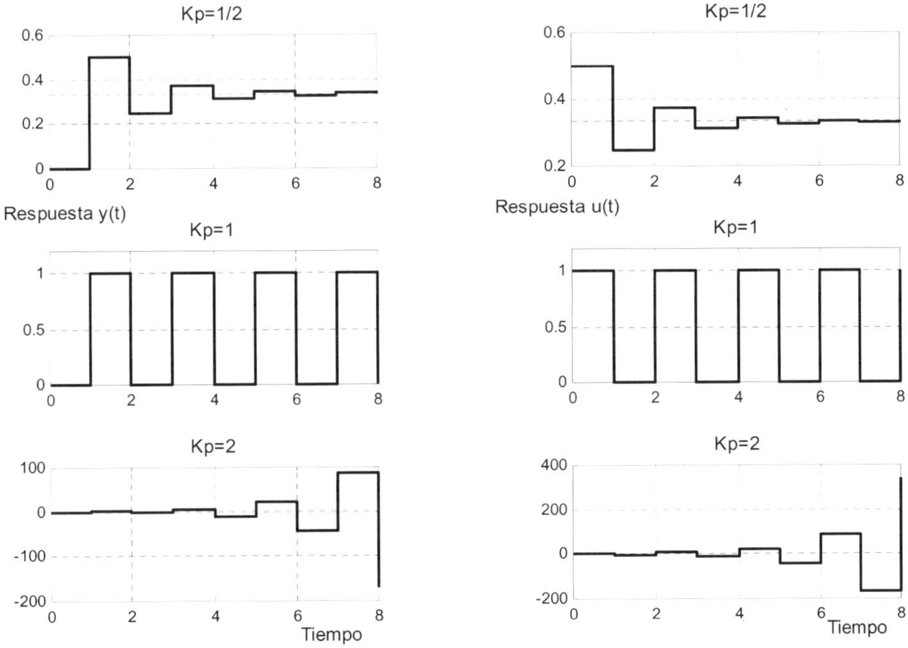

FIGURA 1.3 Simulación de distintas respuestas

- $K_P = 1/2$ El valor de $y(t)$ tiende al régimen estático calculado anteriormente, 1/3
- $K_P = 1$ No se alcanza el régimen estático; la respuesta oscila entre dos valores.
- $K_P = 2$ La respuesta oscila con valores crecientes. En el sistema real, se alcanzan rápidamente límites de las variables (la cantidad de arena

no puede pasar de cierto valor, ni ser negativa); el modelo establecido no incluye estos límites, por lo que no puede reproducirlos, pero indica suficientemente que el control no es adecuado, ya que la respuesta dinámica no tiende hacia el régimen estático.

Sin herramientas de análisis deberían repetirse las simulaciones para muchos más casos; usando las técnicas adecuadas, que se verán en el capítulo **6**, puede demostrarse que el modelo es *inestable* para $K_P \geq 1$.

El diseño como compromiso entre estabilidad y precisión

El análisis estático indica que es deseable ajustar valores elevados de K_P, para acercarse a una situación ideal, en la que la variable controlada sigue a la referencia, y las perturbaciones no producen ningún efecto: $y = r$. Pero el análisis dinámico indica que ello no es posible, porque la respuesta dinámica no converge hacia la estática.

Teniendo en cuenta estas restricciones, ¿debería ajustarse $K_P = 0{,}9$? Ello sería poco razonable por dos motivos distintos, aunque relacionados:

— Poca robustez. Es importante recordar que el análisis parte de un modelo del sistema real. Pequeñas imprecisiones en el modelado (actuador o medidor no ideales, constantes de la planta variables o imperfectamente estimadas, etc.) pueden conducir a un sistema inestable, aunque el modelo sea estable.

— Poco amortiguamiento. La respuesta transitoria sufre muchas oscilaciones, aunque convergen al régimen estático.

Una regla poco refinada, pero frecuentemente empleada en la práctica por su sencillez, establece un valor de K_P inferior a la mitad del que produce inestabilidad; puede tomarse $K_P = 1/2$ en este ejemplo.

Análisis dinámico: amortiguamiento y rapidez

El análisis dinámico debe asegurar que el sistema, además de ser estable, tiene respuestas que convergen al régimen estático sin excesivas oscilaciones y de forma suficientemente rápida. Diversas técnicas de análisis permiten obtener indicaciones sobre los conceptos de amortiguamiento y rapidez (que son muy útiles, pero no tienen una definición estricta). De esta forma puede reducirse bastante el número de simulaciones necesarias, aunque muchas veces no es posible prescindir de ellas, especialmente si se desea comprobar el efecto de relaciones no lineales.

Diseño: otras leyes de control

En este ejemplo, el control proporcional no conduce a un compromiso adecuado: con $K_P = 1/2$, el efecto de las perturbaciones en régimen estático es todavía 2/3 del efecto original. De hecho, un sistema cuyo efecto dinámico predominante sea un retardo es difícil de controlar, porque hay un retraso permanente en la información que maneja el sistema de control; pero el control proporcional es válido para otros sistemas más fáciles.

Por otra parte, el control proporcional es únicamente una de las leyes de control posibles. Supóngase ahora, con la misma planta:

Regulador integral: $$u(t) = \frac{1}{I}\int_0^t [r(t) - y(t)]\,\mathrm{d}t$$

Este regulador puede realizarse sencillamente mediante un regulador electrónico con amplificadores operacionales, y también de muchas otras formas (aunque sean aproximadas). I es el tiempo de integración, ajustable. En régimen estático, u solamente puede ser constante si:

$$y = r$$

que coincide con el comportamiento ideal, para cualquier valor de I.

El análisis del régimen dinámico por simulación manual es ahora mucho más laborioso que antes, por lo que todavía son más necesarias las técnicas de análisis. El modelo resulta inestable para valores pequeños de I: $I \leq \frac{2}{\pi}\rho$. Valores grandes de I conducen a sistemas excesivamente lentos, por lo que debe establecerse un compromiso. Ver el *Problema P1.1*.

1.2 Contenido de la asignatura

A partir del ejemplo anterior, pueden resumirse los tipos generales de conocimientos necesarios para la realización completa de un sistema de control:

A. Estudio y modelado de la planta. Este estudio no puede, obviamente, acometerse desde una única asignatura, a no ser restringiendo enormemente el campo de aplicación. En general, sería deseable que distintas asignaturas incluyeran temas sobre modelado dinámico de los sistemas que les afectan; frecuentemente los modelos presentados son exclusivamente estáticos.

B. Sistemas de medida, en el doble aspecto de captación de las magnitudes a medir y condicionamiento posterior de las señales. Asignaturas de medidas eléctricas y mecánicas, y de electrónica, cubren distintos temas de interés.
C. Reguladores. La primera tarea consiste en el análisis, diseño y ajuste de las acciones de control a realizar sobre la planta a partir de la información suministrada por las medidas.
D. Realización física del regulador. Una vez establecido el regulador deseado, debe acometerse su construcción. En la actualidad se usa frecuentemente tecnología electrónica (analógica o digital); pero también ocasionalmente, y en muchos reguladores antiguos, pero que funcionan perfectamente hoy, sistemas mecánicos, eléctricos, neumáticos o hidráulicos.
E. Actuadores. Constituyen el nexo entre el regulador y la planta, sobre todo cuando es preciso suministrar cierta potencia. Muchas veces constituyen por derecho propio un sistema de control (por ejemplo, un servomecanismo para mover una válvula de mando de acuerdo con la señal procedente del regulador). La tecnología es normalmente electromecánica o hidráulica. Su modelo puede incluirse en los puntos A) o D).

Las aportaciones específicas de la asignatura de regulación automática se centran en los contenidos reflejados en el punto C): análisis y diseño de acciones de control. Pero se intentará presentar también una visión, aun necesariamente muy incompleta, del resto de los puntos, así como de la integración del conjunto.

1.3 Este libro

El objetivo central de este libro es el de resumir las ideas y desarrollos de la asignatura, liberando a los alumnos de la tarea de tomar apuntes exhaustivos en clase, para que puedan captar y discutir mejor las explicaciones del profesor. Debe constituir también una referencia rápida de los principales resultados; por ello muchas demostraciones se esbozan únicamente, o se omiten del todo.

Por otra parte un libro *standard* de texto, de los que hay varios buenos, proporciona bastante más material de estudio, especialmente si se busca una demostración específica, descripciones más extensas y detalladas, ejemplos más completos, etc. Debemos por tanto aconsejar al alumno que se haga con algún texto de similar contenido; se recomienda **Nise**.

La asignatura puede dividirse en dos partes; pero se insistirá en establecer relaciones entre estas partes, de manera que formen un todo coherente.

La primera parte, *Función de transferencia y respuesta temporal*, incluye los capítulos **1** al **4**, presentando los problemas y los métodos del control en un curso abreviado basado exclusivamente en técnicas de respuesta temporal. En **1** se ha introducido, mediante un ejemplo, la problemática general de los sistemas de control. En **2** se establecen las técnicas matemáticas necesarias, basadas en la transformación de Laplace y el concepto de función de transferencia, así como los diagramas de bloques. En **3** se plantean los problemas de control básicos de seguimiento y regulación, aplicándolos al estudio de la precisión en régimen permanente, con una breve introducción a temas de robustez. En **4** se estudian modelos sencillos de sistemas (de *primer* y *segundo orden*), ilustrando los conceptos básicos de amortiguamiento y rapidez. Los modelos de segundo orden permiten realizar diseños ya realistas de algunos sistemas de control.

La segunda parte, *Respuesta en frecuencia y diseño de controles*, incluye los capítulos **5** al **8**. Las técnicas de respuesta en frecuencia son una importante alternativa a las técnicas de respuesta temporal; aunque es posible diseñar con exclusión de una de ellas, ambas se refuerzan y complementan notablemente. También creemos que su potencia y versatilidad compensan sobradamente el mayor grado de abstracción requerido inicialmente. En **5** se introducen los conceptos más básicos, tomando pie del estudio de los sistemas de *primer* y *segundo* orden y subrayando las relaciones entre respuesta temporal y respuesta en frecuencia. En **6** se resumen técnicas algebraicas y de respuesta en frecuencia en orden al estudio de la estabilidad, central en la teoría de control. En **7** se describen las técnicas básicas de análisis y diseño, poniendo énfasis en las relaciones lazo abierto - lazo cerrado e insistiendo en las relaciones entre respuesta temporal y respuesta en frecuencia. En **8** se profundiza el diseño de distintos tipos de controles.

Los 7 apéndices resumen tablas y fórmulas, presentan un modelo de servomecanismo e introducen otros temas útiles, como las aproximaciones de un retardo, aspectos tecnológicos de los reguladores PID y el lugar de las raíces, técnica de análisis y diseño basada en la respuesta temporal, que completaría la primera parte de la asignatura si hubiera tiempo para ello.

1.4 Bibliografía

Se ha recomendado como texto de consulta **Nise**. Incluye la técnica del lugar de las raíces y también material interesante sobre la aplicación al control de las técnicas de variables de estado, así como una introducción al control digital. Pueden también usarse como consulta **Franklin**, **Dorf**, **Ogata**, **D'Azzo**, **Kuo**. Una panorámica muy extensa y bastante accesible de las técnicas actuales de control puede encontrarse en **Dutton**. Otros libros de esta bibliografía se irán mencionando en los sucesivos capítulos.

Åström, Hägglund. *PID Controllers: Theory, Design and Tuning*. 2nd Edition. Instrument Society of America, 1995.

D'Azzo, Houpis. *Sistemas realimentados de control (análisis y síntesis)*. Paraninfo, 1970.

DiStefano III, Stubberud, Williams. *Retroalimentación y sistemas de control*. Schaum, Mc Graw-Hill, 1972.

Dorato. *Analytic Feedback System Design*. Brooks/Cole 2000

Dorf. *Sistemas modernos de control*. Addison-Wesley, 1989.

Dutton, Thompson, Barraclough. *The art of control engineering*. Addison- Wesley, 1997.

Franklin, Powell, Emami-Naeini. *Control de sistemas dinámicos con retroalimentación*. Addison-Wesley Iberoamericana, 1991.

Gille, Decaulne, Pélegrin. *Servosistemas. Teoría y Cálculo*. Paraninfo, 1967.

James, Nichols, Phillips. *Theory of Servomechanisms*. Mc Graw-Hill, 1947.

Kuo. *Sistemas automáticos de control*. CECSA, 1973.

Kwakernaak, Sivan. *Linear Optimal Control Systems*. Wiley and Sons, 1972.

Lathi. *Signals, Systems and Communication*. Wiley and Sons, 1965.

Nicholson (Ed). *Modelling of Dynamical Systems, Vols. I, II*. Peter Peregrinus, 1980.

Nise. *Control Systems Engineering*. Benjamin and Cummings, 1995

Ogata. *Ingeniería de control moderna*. Prentice-Hall Internacional, 1974.

Pagola, Zazo. *Introducción a los Sistemas Dinámicos*. UPCo, 1997.

Phillips. *Funciones de variable compleja*. Dossat, 1963.

Shinskey. *Process Control Systems. Application, Design and Tuning*. Mc Graw-Hill, 1988.

Thaler (Ed). *Automatic Control. Classical Linear Theory*. Dowden, Hutchinson & Ross, 1974

Truxal. *Automatic Feedback Control System Synthesis*. Mc Graw-Hill, 1955.

PROBLEMAS

P1.1 Simular las respuestas del ejemplo con control integral, en las mismas condiciones de **1.1**. Tomar el retardo ρ como unidad de tiempo, y los valores $I = 0{,}1\ \rho$; ρ; $10\ \rho$.

2

FUNCIÓN DE TRANSFERENCIA

La función de transferencia es la forma básica de describir modelos de sistemas lineales que se emplea en este curso. Basada en la transformación de Laplace, de la que se presentará un breve repaso, permite obtener la respuesta temporal, la respuesta estática y la respuesta en frecuencia. El análisis de distintas descomposiciones de la respuesta temporal permite adquirir útiles ideas cualitativas, y definir varios importantes conceptos: efectos de las condiciones iniciales, respuestas libre y forzada, regímenes permanente y transitorio. También permite definir el concepto central de estabilidad, y establecer un primer criterio para su investigación.

2.1 La transformación de Laplace

La utilidad esencial de la transformación de Laplace reside en su propiedad de convertir ecuaciones diferenciales lineales (en la variable tiempo t) en ecuaciones algebraicas (en la variable compleja s). Se resumen a continuación los conceptos y propiedades más importantes para el objeto de este libro, usando una variante especial de transformación de Laplace que permite tratar funciones del tiempo discontinuas en el origen e impulsos; ver **Lathi**.

2.1.1. Funciones básicas y definiciones

Funciones $x(t)$ del tiempo son denominadas frecuentemente señales. Una muy empleada es el escalón unitario $u_0(t)$:

$$u_0(t) = 0 \text{ para } t < 0$$
$$u_0(t) = 1 \text{ para } t > 0$$

Una señal es causal si $x(t) = 0$ para $t < 0$; para convertir cualquier señal en causal basta multiplicarla por $u_0(t)$.

La condición inicial es $x(0^-) = \lim_{x \to 0^-} x(t)$; la de $u_0(t)$ es 0

El valor inicial es $x(0^+) = \lim_{x \to 0^+} x(t)$; el de $u_0(t)$ es 1

La transformada de Laplace de $x(t)$ es $X(s)$:

$$X(s) = \mathcal{L}\{x(t)\} = \int_{0^-}^{\infty} x(t)e^{-st}\,\mathrm{d}t$$

La idea esencial del análisis de Fourier, del que el de Laplace es una variante, es descomponer funciones en exponenciales. Las funciones constantes son exponenciales de exponente 0; las funciones senoidales se descomponen en exponenciales imaginarias. La transformada de la función exponencial es fácil de obtener aplicando la integral de definición:

$$\mathcal{L}\{e^{-at}\} = \frac{1}{s+a}$$

No toda señal $x(t)$ tiene transformada, pues la integral no converge en algunos casos; pero esto no preocupa con las señales que se usarán. Nótese que la transformada de una función no causal, y la de la misma función multiplicada por $u_0(t)$ coinciden; pero hay una importante distinción entre ambas que afecta a las propiedades de la derivación. La distinción entre 0^- y 0^+ obedece a la necesidad de tratar funciones discontinuas en el origen como los escalones, y también los impulsos, que tienen integral no nula entre 0^- y 0^+

La *Tabla 2.1* es una tabla abreviada de transformadas. Véase una más amplia en el apéndice **A**.

2.1.2 Propiedades

Se indican aquí las propiedades que se usan en el curso, sin pretender dar una lista completa.

Linealidad $\quad \mathcal{L}\{a_1 x_1(\mathrm{t}) + a_2 x_2(t)\} = a_1 X_1(s) + a_2 X_2(s)$

Se demuestra a partir de la linealidad de la integral de definición.

Tabla 2.1 Funciones básicas. Transformadas de Laplace

Señal	$x(t)$	$X(s)$
Impulso	$\delta(t)$	1
Escalón	$u_0(t)$	$\frac{1}{s}$
Rampa	t	$\frac{1}{s^2}$
Exponencial	e^{-at}	$\frac{1}{s+a}$
Coseno	$\cos(\omega t)$	$\frac{s}{s^2+\omega^2}$
Seno	$\text{sen}(\omega t)$	$\frac{\omega}{s^2+\omega^2}$
Exponencial. Coseno	$e^{-at}\cos(\omega t)$	$\frac{s+a}{(s+a)^2+\omega^2}$

Derivación $$\mathcal{L}\left\{\frac{dx(t)}{dt}\right\} = sX(s) - x(0^-)$$

Puede demostrarse integrando por partes $\int_{0^-}^{\infty} \frac{\mathrm{d}x(t)}{\mathrm{d}t} e^{-st}\,\mathrm{d}t$

Importante: Si $x(t)$ es causal, la derivación en el tiempo se reduce a multiplicar por s en Laplace.

Puede definirse a partir de aquí el impulso $\delta(t)$ como la derivada del escalón unitario, y obtener su transformada, = 1. Esta extraña función (la derivada del escalón no existe en el origen; el impulso debería analizarse mediante la teoría de distribuciones) es, sin embargo, la señal básica, por tener transformada unidad. Debe cumplir:

$$\int_{0^-}^{0^+} \delta(t)\,\mathrm{d}t = 1$$

Puede aproximarse por una señal grande y de corta duración cerca del origen de tiempo, con integral = 1.

Integración $\mathcal{L}\left\{\int_{0^-}^{t} x(t)\,\mathrm{d}t\right\} = \frac{1}{s}X(s)$

Esta propiedad es inversa de la anterior.

Valor inicial $x(0^+) = \lim_{s\to\infty} sX(s)$

Valor final $x(\infty) = \lim_{s\to 0} sX(s)$

si todos los polos de $sX(s)$ tienen la parte real estrictamente negativa.

Retardo $\mathcal{L}\{x(t-\rho)\} = e^{-\rho s}X(s)$

si $x(t)$ es causal

Convolución $\mathcal{L}^{-1}\{X_1(s)X_2(s)\} = \int_{0^-}^{t} x_1(t-r)x_2(r)\,\mathrm{d}r$

Nótese bien que la transformada del producto de dos funciones del tiempo no es, en general, el producto de transformadas. De la misma forma, la transformada inversa del producto es una operación más complicada, denominada convolución.

2.2 Ecuación diferencial y función de transferencia

El modelo básico de un sistema describe matemáticamente la influencia de una señal de entrada *u(t)* sobre otra señal de salida *y(t)*. Supóngase que ambas están relacionadas mediante una ecuación diferencial lineal con coeficientes constantes, de orden n.

$$a_0 y(t) + a_1 \frac{\mathrm{d}y(t)}{\mathrm{d}t} + \ldots + a_n \frac{\mathrm{d}^n y(t)}{\mathrm{d}t^n} = b_0 u(t) + b_1 \frac{\mathrm{d}u(t)}{\mathrm{d}t} + \ldots + b_m \frac{\mathrm{d}^m u(t)}{\mathrm{d}t^m}$$

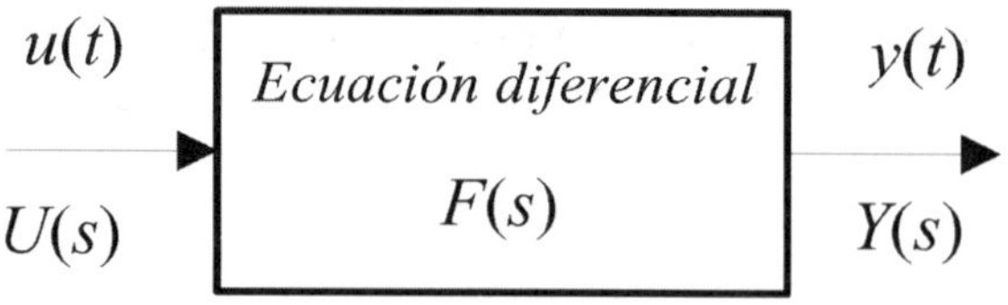

Figura 2.1 Diagrama de bloques básico

Es importante observar que físicamente la salida depende de la entrada, pero normalmente no al contrario. Esta orientación no queda bien reflejada en la ecuación diferencial, aunque se hace explícita en los diagramas de bloques.

Se transforman ahora ambos miembros de la ecuación. Si ambas señales son causales (y por tanto tienen condiciones iniciales nulas), cada derivada se traduce simplemente en un producto por s, y la ecuación diferencial en t se convierte en una ecuación algebraica en s:

Definiendo los polinomios: $A(s) = \sum_{i=0}^{n} a_i s^i \qquad B(s) = \sum_{i=0}^{m} b_i s^i$

$$Y(s) \cdot A(s) = U(s) \cdot B(s)$$

La salida puede expresarse (en transformadas) como la entrada multiplicada por la función de transferencia $F(s)$ del sistema, expresada como cociente de polinomios:

$$Y(s) = U(s) \cdot F(s) \qquad\qquad F(s) = \frac{B(s)}{A(s)}$$

- Los sistemas de orden no mínimo tienen raíces comunes a $B(s)$ y $A(s)$; la función de transferencia *debe escribirse de forma simplificada*, y es de orden inferior a n.
- Las funciones de transferencia propias tienen numerador de orden menor o igual al del denominador; esto siempre sucede en sistemas físicos, y se supondrá implícitamente.
- Las raíces del denominador y del numerador se denominan, respectivamente, polos y ceros de $F(s)$.

Conviene recordar que el concepto de función de transferencia *es aplicable exclusivamente a sistemas lineales e invariantes en el tiempo*, aunque existen algunas extensiones de aplicación limitada.

Funciones de transferencia trascendentes

Algunos sistemas no se representan mediante una ecuación diferencial ordinaria, pero son pese a ello lineales, y tienen función de transferencia; por ejemplo los descritos por ecuaciones lineales en derivadas parciales. Resultan entonces funciones de transferencia trascendentes, con un número infinito de polos. Un ejemplo más sencillo que aparece frecuentemente lo proporcionan las señales relacionadas por retardos en el tiempo. Véase el apéndice **B**.

$$y(t) = u(t - \rho) \qquad\qquad F(s) = e^{-\rho s}$$

Respuesta impulsional

Respuesta es un nombre habitual para $y(t)$. En el caso particular:

$u(t) = \delta(t) \quad U(s) = 1 \qquad\qquad y(t) = f(t) = \mathcal{L}^{-1}\{F(s)\}$

Obtención de la respuesta por convolución

La respuesta puede obtenerse realizando la operación convolución entre la entrada y la respuesta impulsional:

$$y(t) = \mathcal{L}^{-1}\{U(s)F(s)\} = \int_{0^-}^{t} u(t-r)f(r)\,\mathrm{d}r$$

2.3 Transformación inversa de funciones racionales

Se puede recurrir a tablas de transformación de Laplace para obtener la transformación inversa $y(t) = \mathcal{L}^{-1}\{Y(s)\}$. En la práctica, se usan frecuentemente soluciones numéricas de integración de ecuaciones diferenciales.

En este apartado se desarrolla un procedimiento que permite algo mucho más importante que la simple obtención de la transformación inversa: el análisis cualitativo y cuantitativo de las formas que puede tomar la respuesta de un sistema. Este procedimiento consiste en descomponer $Y(s)$ en suma de funciones simples, cuya transformada inversa es bien conocida. En esencia:

$$\text{Si } Y(s) = \sum \frac{R_i}{s - p_i} \qquad \text{entonces } y(t) = \sum R_i e^{p_i t}$$

$$\text{con } R_i = \left[Y(s)(s - p_i)\right]_{s = p_i}$$

Teniendo en cuenta que los polos *pi* y los residuos *Ri* pueden ser complejos en general, solamente quedan fuera de esta idea esencial los polos múltiples.

2.3.1 Desarrollo en fracciones parciales

Se supondrá que $Y(s)$ es una función racional (cociente de polinomios), y que el orden del numerador es inferior al del denominador (en el caso poco habitual de que esto no sea así, la respuesta contendrá impulsos, e incluso derivadas de impulsos).

Se requiere en primer lugar obtener los polos p_i de $Y(s)$, es decir, las raíces del denominador.

Polos simples. Método fundamental

Si todos los polos son distintos, sean reales o complejos, se obtienen los residuos R_i:

$$Y(s) = \sum \frac{R_i}{s - p_i} \qquad R_i = [Y(s)(s - p_i)]_{s=p_i}$$

La demostración de la fórmula de los residuos es trivial; el producto por $(s - p_i)$ equivale en realidad a eliminar este término del denominador de $Y(s)$. Nótese que, a diferencia de otros procedimientos, éste implica únicamente una sustitución directa de s por p_i, sin necesidad de resolver sistemas de ecuaciones.

Polos múltiples

Si existen polos iguales, la parte del desarrollo correspondiente a los polos simples puede hacerse como se ha indicado anteriormente, pero un polo múltiple (de multiplicidad m) da lugar a sumandos de la forma:

$$\sum_{j=1}^{m} \frac{r_j}{(s - p_i)^j} \qquad r_j = \frac{1}{(m-j)!}\left[\frac{d^{m-j}}{ds^{m-j}}\left(Y(s)(s - p_i)^m\right)\right]_{s=p_i}$$

Nótese que r_m se obtiene sin necesidad de derivar, de forma similar a la de los polos simples. Las derivadas son incómodas e importantes fuentes de errores, por lo que en muchos casos es recomendable usar otros métodos.

Agrupación del par complejo

Si todos los coeficientes de $Y(s)$ son reales, los polos complejos vendrán en pares conjugados, $p = -a \pm bj$, y de la misma forma los residuos correspondientes. Pueden evitarse los números complejos mediante la siguiente agrupación (* denota el conjugado complejo):

$$\frac{R}{s+a-bj}+\frac{R^*}{s+a+bj}=\frac{r_1 s+r_2}{(s+a)^2+b^2} \qquad 2R=r_1+\frac{r_1 a-r_2}{b}j$$

Otros métodos

Pueden también obtenerse términos del desarrollo planteando sistemas de ecuaciones. Nótese que parte de los términos pueden obtenerse mediante el método de sustitución antes indicado, y reservar los sistemas de ecuaciones para los términos más difíciles (derivadas en los polos múltiples, o si no se desea trabajar con complejos). En el *Ejemplo 2.1* se indicarán dos formas de plantear sistemas de ecuaciones.

Ejemplo 2.1 En este ejemplo se da la transformada $Y(s)$, con el denominador ya factorizado:

$$Y(s)=\frac{80}{s(s+1)^2(s+1-2j)(s+1+2j)}$$

$$=\frac{R_0}{s}+\frac{r_1}{s+1}+\frac{r_2}{(s+1)^2}+\frac{R}{s+1-2j}+\frac{R^*}{s+1+2j}$$

Empleando la fórmula de los residuos:

$$R_0=\frac{80}{(0+1)^2(0+1-2j)(0+1+2j)}=16$$

$$r_2=\frac{80}{-1(-1+1-2j)(-1+1+2j)}=-20$$

$$R=\frac{80}{(-1+2j)(-1+2j+1)^2(-1+2j+1+2j)}=2-j$$

Puede obtenerse r_1 sin necesidad de derivar, teniendo en cuenta que la expresión desarrollada debe igualar a la original para cualquier valor de s. Tomando $s = 1$, valor sencillo y distinto de cualquier polo:

$$Y(1)=\frac{80}{1(1+1)^2(1+1-2j)(1+1+2j)}$$

$$=\frac{R_0}{1}+\frac{r_1}{1+1}+\frac{r_2}{(1+1)^2}+\frac{R}{1+1-2j}+\frac{R^*}{1+1+2j}$$

Dando otros valores a s, puede obtenerse un sistema con el número necesario de ecuaciones; como ya se han calculado los otros residuos, basta con una sola ecuación, cuyo resultado es: $r_1 = -20$

Otro procedimiento para obtener un sistema de ecuaciones consiste en manipulaciones algebraicas para obtener el numerador en función de los residuos, igualando después los términos de igual orden. Aunque este procedimiento es el más conocido, dista frecuentemente de ser el más cómodo, tanto para cálculo manual como automático. Si se emplea la agrupación del par complejo:

$$80 = R_0 (s+1)^2 \left[(s+1)^2 + 2^2\right] + r_1 s(s+1) \left[(s+1)^2 + 2^2\right] + r_2 s \left[(s+1)^2 + 2^2\right] + \\ + (r_3 s + r_4)\, s\, (s+1)^2$$

§

2.3.2 Transformaciones inversas básicas

Un polo real $s = -a$ da lugar a una exponencial de constante de tiempo $\tau = 1/a$

$$\mathcal{L}^{-1}\left\{\frac{R}{s+a}\right\} = Re^{-at} = Re^{-t/\tau}$$

Un par complejo $s = -a \pm bj$ da lugar a una exponencial de constante de tiempo $1/a$, multiplicada por una senoidal de pulsación b. Es decir, la parte real del polo determina la exponencial, y la parte imaginaria, la senoidal.

$$\mathcal{L}^{-1}\left\{\frac{R}{s+a-bj} + \frac{R^*}{s+a+bj}\right\} = \mathcal{L}^{-1}\left\{\frac{r_1 s + r_2}{(s+a)^2 + b^2}\right\} = Ae^{-at}\cos(bt+\varphi)$$

La amplitud y la fase de la respuesta vienen determinadas por el residuo:

$$Ae^{j\varphi} = 2R = r_1 + \frac{r_1 a - r_2}{b} j$$

Los polos múltiples dan lugar a términos semejantes a los correspondientes a polos simples, multiplicados por potencias del tiempo:

$$\mathcal{L}^{-1}\left\{\frac{r_j}{(s-p)^j}\right\}=\frac{r_j}{(j-1)!}t^{j-1}e^{pt}$$

Esta expresión también es válida para cada polo complejo, aunque no se presenta aquí su desarrollo.

2.3.3 Los polos y las formas de respuesta

Puede deducirse del desarrollo anterior que los polos de $Y(s)$ definen las funciones temporales presentes en $y(t)$; los residuos son importantes solamente como cuantificadores, determinando amplitudes y fases. A cada polo corresponde entonces un término de la respuesta con las características cualitativas que se indicarán a continuación. Ver cuidadosamente la *Figura 2.2*; la disposición de los cuadros imita la situación de los polos en el plano complejo.

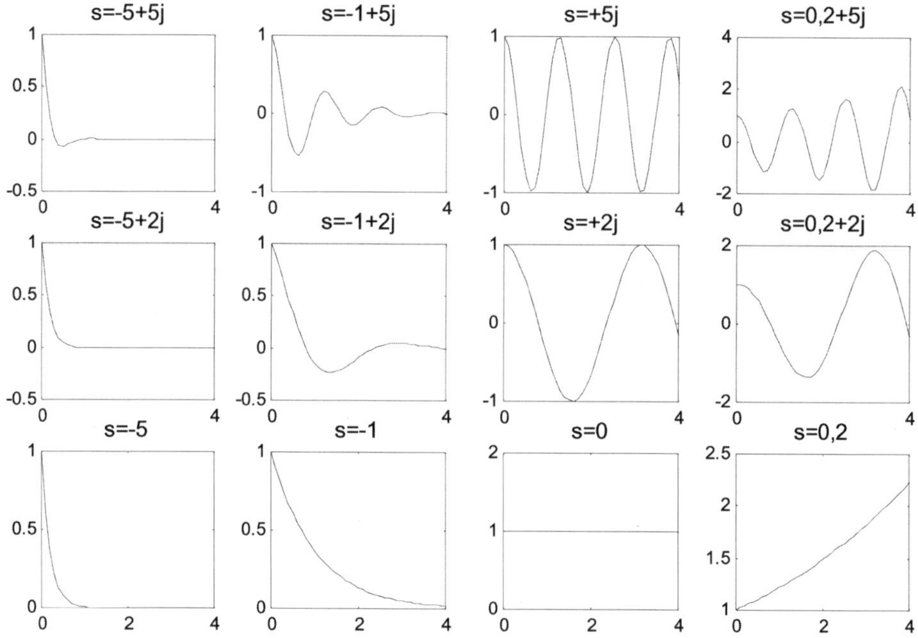

FIGURA 2.2 Polos en el plano complejo, y formas de respuesta correspondientes

Convergencia

- Polos con *parte real negativa* dan lugar a términos decrecientes en el tiempo, que tienden a desaparecer. Esto se último se verifica también en los polos múltiples: aunque aparece un producto por potencias del tiempo, siempre la exponencial es más fuerte.
- Polos con *parte real positiva* dan lugar a términos crecientes en el tiempo.
- Polos *simples con parte real nula* dan lugar a términos que ni crecen en el tiempo ni desaparecen (constante si el polo es nulo, oscilación si son polos imaginarios).
- Polos *múltiples con parte real nula*: el producto por potencia del tiempo da lugar a un término creciente.

Rapidez

- Cuanto más negativa sea la parte real, más rápidamente decrece la exponencial.
- Cuanto más grande sea la parte imaginaria, mayor es la frecuencia de las oscilaciones.

Amortiguamiento

- Si los polos son complejos con parte real negativa, un cociente pequeño a/b de los valores absolutos de la parte real y la imaginaria indica que serán aparentes varias oscilaciones antes de que la exponencial las anule. Se habla entonces de polos poco amortiguados.
  amortiguamiento $\zeta = \text{sen}[\text{arctg}(a/b)]$ (ver **4.2.1**)

Obténgase el cociente y el amortiguamiento en los distintos casos de la *Figura 2.2*

2.4 Respuesta temporal

Se llama respuesta temporal de un sistema simplemente a su salida *y(t)*, para una entrada determinada *u(t)*. Si no se indica otra cosa, se entiende que las condiciones iniciales son nulas, pero no siempre es así.

Para incluir la respuesta debida a las condiciones iniciales, hay que volver a la ecuación diferencial del sistema:

$$a_0 y(t) + a_1 \frac{\mathrm{d}y(t)}{\mathrm{d}t} + \ldots + a_n \frac{\mathrm{d}^n y(t)}{\mathrm{d}t^n} = b_0 u(t) + b_1 \frac{\mathrm{d}u(t)}{\mathrm{d}t} + \ldots + b_m \frac{\mathrm{d}^m u(t)}{\mathrm{d}t^m}$$

Considérese que la entrada es causal, pero existen condiciones iniciales en la salida y sus derivadas: $y(0^-)$, $y'(0^-)$, $y''(0^-)$..., que aparecen al transformar, formando un polinomio adicional:

$$Y(s) \cdot A(s) - C(s) = U(s) \cdot B(s)$$

$$C(s) = a_1 y(0^-) + a_2 \left[y(0^-)s + y'(0^-)\right] + a_3 \left[y(0^-)s^2 + y'(0^-)s + y''(0^-)\right] + \ldots$$

$$Y(s) = U(s) \cdot F(s) + \frac{C(s)}{A(s)}$$

Nótese que si el sistema es de orden mínimo, el denominador de $F(s)$ es precisamente $A(s)$. En este caso, aunque la definición de función de transferencia implica condiciones iniciales nulas, puede deducirse sencillamente la ecuación diferencial, obteniendo así el efecto de las condiciones iniciales.

Tres formas distintas de repartir los términos de la respuesta temporal

1) Los polos de $Y(s)$ son, o bien polos de $U(s)$, o bien raíces del polinomio característico $A(s)$. Los primeros dan lugar a términos de la forma de la entrada, y los segundos a términos introducidos por el sistema, con formas características del mismo.

$$y(t) = y_u(t) + y_a(t)$$

Cabe la posibilidad de coincidencias, que producen consecuencias interesantes:

- Si coinciden polos de $U(s)$ y de $F(s)$, aparecen polos múltiples, y por tanto productos por potencias del tiempo.
- Si coinciden ceros de $U(s)$ y polos de $F(s)$, o bien raíces de $C(s)$ y de $A(s)$, los residuos correspondientes son nulos: esa entrada particular o esas condiciones iniciales no excitan la respuesta correspondiente a esos polos.
- Los *filtros supresores* se basan en el efecto simétrico: diseñar $F(s)$ con ceros coincidentes con los polos correspondientes a la respuesta que se desea eliminar. Por ejemplo, para eliminar los 50 Hz, $F(s)$ tendrá ceros en $\pm 100\pi j$.

2) La <u>respuesta forzada</u> es la debida a la entrada, para condiciones iniciales nulas. La <u>respuesta libre</u> es la debida a las condiciones iniciales, para entrada nula; como es obvio, se compone exclusivamente de términos del sistema $y_a(t)$

$$y(t) = y_F(t) + y_L(t)$$

Si el sistema es de orden mínimo:

- ○ Las condiciones iniciales no introducen nuevos polos en $Y(s)$, ni por tanto nuevos términos en $y(t)$. Únicamente modifican los residuos.
- ○ Los polos de $F(s)$ indican las formas de la respuesta libre.

3) Parte de los términos, correspondientes a polos con parte real negativa, desaparecen con el tiempo, formando el régimen transitorio; los que no desaparecen forman el régimen permanente. Nótese bien, porque la confusión es frecuente, que estos conceptos describen *funciones del tiempo, y no valores de ninguna clase*. También es frecuente llamar respuesta transitoria a toda la respuesta temporal, aunque es una práctica incorrecta.

$$y(t) = y_P(t) + y_T(t)$$

2.5 Estabilidad

La estabilidad es quizá el tema más importante de la teoría de control. Aquí se establecen dos definiciones básicas, ligadas a las propiedades que tiene siempre un sistema estable, y un primer criterio para determinar si un sistema es estable. A lo largo del curso se verán otros criterios de estabilidad de mayor utilidad en el diseño de sistemas de control; se dedica a este tema el capítulo **6**.

Estabilidad BIBO (respuesta forzada)

Un sistema es estable BIBO si, para cualquier entrada acotada (*Bounded Input*), la salida está acotada (*Bounded Output*).

Nótese que la estabilidad BIBO es una propiedad del sistema, y no de las entradas o de las salidas. Un sistema estable puede dar salidas no acotadas (si las entradas no lo están), y un sistema inestable puede dar salidas acotadas (para entradas particulares que no exciten las respuestas no acotadas).

Estabilidad asintótica (respuesta libre)

Un sistema es asintóticamente estable si la respuesta libre tiende a anularse con el tiempo, para cualesquiera condiciones iniciales.

Igualmente la estabilidad asintótica es una propiedad del sistema, y no de las condiciones iniciales o de la respuesta libre.

Un criterio de estabilidad

Un sistema es estable BIBO si, y sólo si, todos los polos de $F(s)$ tienen la parte real estrictamente negativa (están en el semiplano izquierdo). En efecto, cualquier entrada acotada da lugar a polos de $U(s)$ con parte real negativa, o polos simples con parte real nula. Si $F(s)$ tiene polos con parte real negativa, todos los términos de la respuesta estarán acotados.

Si $F(s)$ tiene algún polo con parte real nula, una entrada con ese mismo polo da lugar a respuestas no acotadas. Estos sistemas no son por tanto estables, aunque en la práctica se los trata frecuentemente como un caso fronterizo entre la estabilidad y la inestabilidad.

Un sistema es asintóticamente estable si, y sólo si, todas las raíces de $A(s)$ tienen la parte real estrictamente negativa.

En sistemas de orden mínimo coinciden ambas estabilidades; en principio, se dará por supuesto este caso habitual. Sin embargo, las dos estabilidades indican propiedades distintas, cada una muy importante.

Propiedades de los términos de la respuesta de los sistemas estables

- Todos los términos del sistema pertenecen al régimen transitorio.
- El régimen permanente es independiente de las condiciones iniciales. Esta propiedad es especialmente importante: obsérvese que, al estudiar el régimen permanente de un circuito, en continua o en alterna, no se habla de las condiciones en que estaba en el momento de conectar; ello supone la estabilidad de dicho sistema.
- En el régimen permanente están exclusivamente los términos de la forma de la entrada que no corresponden a polos con parte real negativa. Los residuos, aunque no dependen de las condiciones iniciales, dependen, sin embargo, de $F(s)$ (si hay coincidencias, podrían ser nulos).
- Dos casos especialmente importantes son las entradas constantes, a las que corresponde un régimen permanente constante (o estático), y las entradas senoidales, a las que corresponde un régimen permanente senoidal de la misma frecuencia. A estos casos se refiere el próximo apartado.

2.6 Ganancia estática y respuesta en frecuencia

Considérese la salida en régimen permanente de un sistema estable, para entradas constantes o senoidales.

Ganancia estática F(0)

Para una entrada constante $u(t) = 1$ $\quad\quad y_P(t) = F(0)$

Para entradas no unitarias, la salida es igual a la entrada multiplicada por F(0), por el principio de linealidad; de aquí el nombre de ganancia.

Respuesta en frecuencia F (jω)

Para una entrada senoidal $u(t) = \cos(\omega t)$ $\quad\quad y_P(t) = A\cos(\omega t + \varphi)$

$$Ae^{j\varphi} = F(j\omega)$$

Nótese que se define la fase φ en adelanto, al contrario del convenio usual en electrotecnia; frecuentemente será negativo, indicando que la salida va retrasada con respecto a la entrada. Para otras entradas senoidales, A representa la ganancia a la pulsación ω, y φ el desfase (en adelanto).

Ambas propiedades son fáciles de relacionar con la obtención de los residuos correspondientes a los polos de la entrada (0 en el primer caso, $\pm j\omega$ en el segundo). Si el sistema no es estable, estas expresiones también suelen aplicarse, ya que definen el término correspondiente del régimen permanente, aunque puede haber otros términos en el mismo.

Ejemplo 2.2 Se estudiarán distintas respuestas del sistema:

$$F(s) = \frac{80}{s^4 + 4s^3 + 10s^2 + 12s + 5}$$

$$F(s) = \frac{80}{(s+1)^2(s^2+2s+5)} = \frac{80}{(s+1)^2(s+1-2j)(s+1+2j)}$$

<u>Los polos</u> son -1 (doble) y $-1\pm 2j$ (par complejo); todos tienen la parte real estrictamente negativa, luego el sistema es <u>estable</u>. Las formas de las respuestas características del sistema son e^{-t}, te^{-t}, $e^{-t}\cos(2t)$.

<u>La respuesta a un escalón</u>, para condiciones iniciales nulas (respuesta forzada) puede obtenerse a partir de $Y(s) = \frac{1}{s}F(s)$

El valor inicial es $\quad y(0^+) = \lim_{s\to\infty} F(s) = 0$

El valor final es $\quad y(\infty) = \lim_{s\to 0} F(s) = 16$

El valor final coincide con el régimen permanente de la salida y con la ganancia estática $F(0) = 16$

Los residuos de $Y(s)$ se han obtenido en el *Ejemplo 2.1*; la respuesta incluye un término constante de la forma de la entrada, y los términos característicos del sistema. Como el sistema es estable, éstos pertenecen al régimen transitorio.

$$y_F(t) = 16 - 20e^{-t} - 20te^{-t} + 2\sqrt{5}e^{-t}\cos(2t - \operatorname{arctg}\frac{1}{2})$$

Respuesta libre, suponiendo que el sistema es de orden mínimo, debida a las siguientes condiciones iniciales:

$y(0^-) = 5$, $y'(0^-) = -10$, $y''(0^-) = 15$, $y'''(0^-) = -20$; a partir del polinomio característico $A(s)$:

$$C(s) = 12[5] + 10[5s - 10] + 4[5s^2 - 10s + 15] + [5s^3 - 10s^2 + 15s - 20]$$

$$Y_L(s) = \frac{C(s)}{A(s)} = \frac{5s^3 + 10s^2 + 25s}{(s+1)^2(s^2 + 2s + 5)}$$

Obteniendo los residuos como se ha explicado en **2.3.1** se obtiene:

$$y_L(t) = 5e^{-t} - 5te^{-t}$$

La respuesta contiene exclusivamente formas características del sistema; el residuo correspondiente al par complejo resulta nulo para estas particulares condiciones iniciales, que no excitan la respuesta correspondiente: hay raíces comunes en $C(s)$ y $A(s)$. Como el sistema es estable, toda la respuesta libre pertenece al régimen transitorio. Nótese que la respuesta libre puede añadirse a cualquier respuesta forzada.

Respuesta en frecuencia:

$$F(j\omega) = \frac{80}{(j\omega+1)^2(-\omega^2 + 2j\omega + 5)} = \frac{80}{(j\omega+1)^2(j\omega + 1 - 2j)(j\omega + 1 + 2j)}$$

Si se dispone de la forma factorizada es conveniente usarla, en vez de los polinomios.

Para $\omega = 1$ $\quad F(j\omega) = -4 - 8j = 8{,}94e^{-2{,}03j}$

Para una entrada senoidal $u(t) = 5\cos(t + 0{,}5)$

$$y_P(t) = 5 \cdot 8{,}94\cos(t + 0{,}5 - 2{,}03)$$

§

2.7 Diagramas de bloques

En muchos sistemas de control, la (posiblemente) complicada relación entre salida y entrada puede deducirse a partir de varias relaciones sencillas entre variables intermedias; es decir, el sistema puede descomponerse en varios sistemas interconectados o, lo que es lo mismo, el planteamiento inicial conduce a un sistema de ecuaciones relacionadas, y no a una ecuación única.

El diagrama de bloques es una técnica gráfica de representación de ecuaciones matemáticas, que permite una comprensión más intuitiva de las relaciones entre las ecuaciones. También permite la simplificación (eliminación de variables intermedias) de las mismas, mediante las técnicas del *álgebra de diagrama de bloques*.

Debe insistirse en el hecho de que el diagrama de bloques tiene una correspondencia estricta con las ecuaciones matemáticas, aunque, si se dibuja hábilmente, tiene una cierta correspondencia (normalmente no estricta) con la configuración física del sistema. En la *Figura 2.3* se define la correspondencia matemática de los tres elementos presentes en un sistema lineal: líneas = variables, círculos = puntos de suma de variables (o resta, si se indica explícitamente), rectángulos = funciones de transferencia.

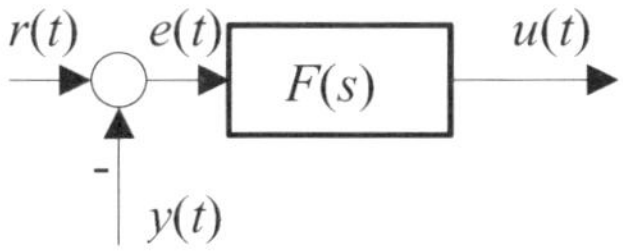

$e(t)=r(t)-y(t)$

$E(s)=R(s)-Y(s)$

$U(s)=E(s)F(s)$

Figura 2.3 Elementos de un diagrama de bloques lineal

Otros diagramas

Los convenios de los diagramas pueden diferir según las escuelas, aunque son normalmente comprensibles.

— Aunque es ocioso, muchos autores marcan con un aspa "X" los puntos de suma, o ponen explícitamente también los signos +.

— En las publicaciones alemanas, es frecuente indicar las funciones de transferencia elementales mediante un gráfico de su respuesta a un escalón.

— En sistemas no lineales, pueden encontrarse puntos de producto de variables; se indican con la letra Π o un símbolo "X" (posible confusión) y las sumas con la letra Σ. Las relaciones no lineales entre variables se describen como se pueda (si es una relación estática, suele indicarse con un gráfico de la función); es útil diferenciar de alguna forma los bloques no lineales (por ejemplo, con un doble rectángulo o un rectángulo redondeado).

— Ver en el apéndice **C** un diagrama generado con SIMULINK, con convenios algo distintos (y además van evolucionando).

Diagramas de flujo

Es una técnica equivalente, preferible por su mayor sencillez cuando hay que trazar diagramas complicados. Los elementos se reducen a dos: círculos = variables y puntos de suma simultáneamente; líneas = funciones de transferencia; son = 1 si no se indica nada. La *Figura 2.4* corresponde a la *Figura 2.3*.

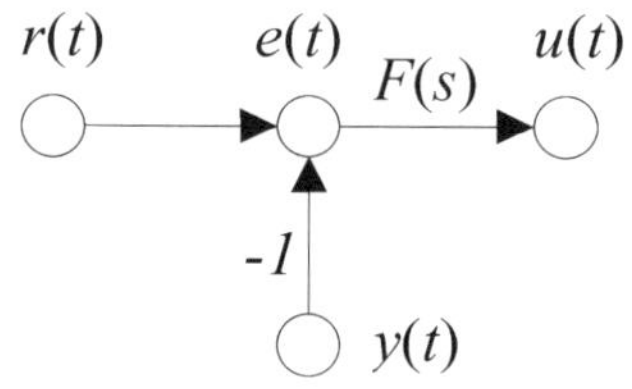

FIGURA 2.4 Elementos de un diagrama de flujo

Álgebra de diagramas de bloques

En la *Figura 2.5* se representan algunas de las relaciones más útiles, que aplicadas sucesivamente permiten simplificar, si se desea, diagramas relativamente complejos, aunque no todos. La demostración consiste sencillamente en simplificar las ecuaciones matemáticas correspondientes.

La equivalencia serie indicada suministra una ilustración de la importante idea de que los diagramas de bloques representan ecuaciones matemáticas, y no físicas. En efecto, es bien sabido que al añadir un amplificador en serie con otro la ganancia en vacío del conjunto no es necesariamente el producto de ganancias en vacío, sino que es preciso considerar el acoplamiento de impedancias de ambos. Las ecuaciones de este acoplamiento deben quedar igualmente reflejadas en el diagrama; ver el *Problema P2.8*.

El álgebra de diagramas de flujo es análoga a la de diagrama de bloques. Además, es interesante la regla de Mason, que permite obtener sistemáticamente la influencia de una variable sobre otra sin simplificaciones sucesivas, y en casos no cubiertos por el álgebra vista anteriormente. Ver por ejemplo **Dorf**.

Serie, o cascada

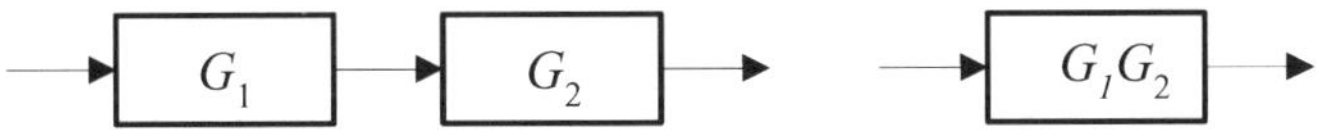

Paralelo

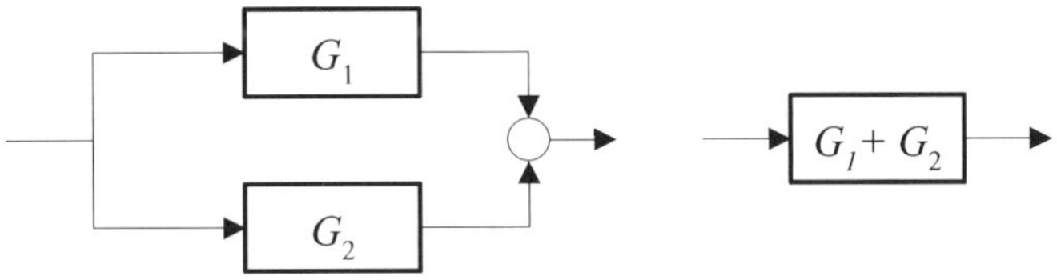

Realimentación

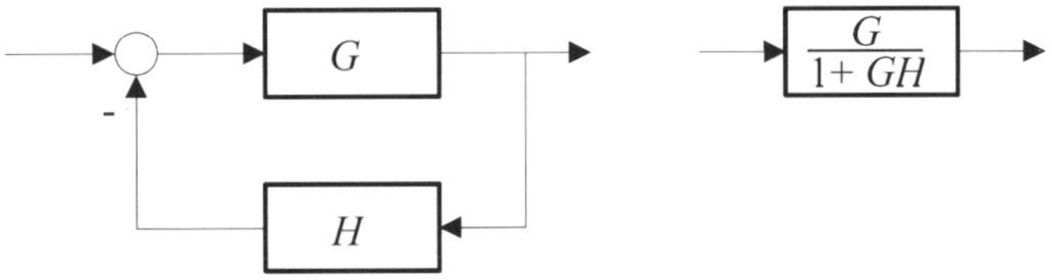

Traslación de punto de suma

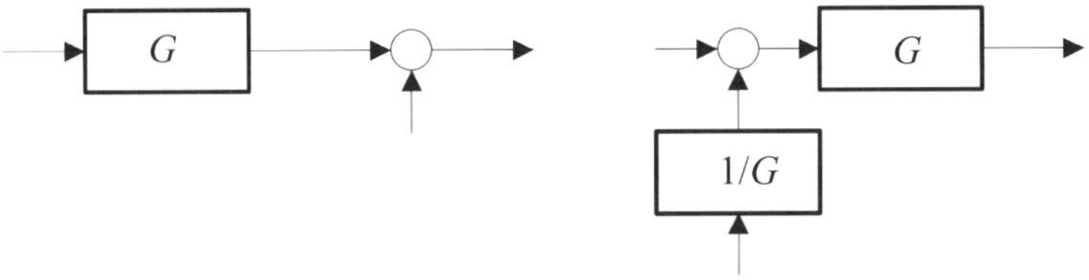

Traslación de punto de distribución

FIGURA 2.5 Relaciones elementales del álgebra de diagrama de bloques

2.8 Formatos y unidades

Una función de transferencia racional se ha introducido previamente como cociente de polinomios en s. Sin embargo los polinomios, especialmente los de orden elevado, tienen la mala propiedad de ser muy sensibles a los valores de sus coeficientes: un pequeño cambio en un coeficiente puede producir grandes cambios en la respuesta temporal o la respuesta en frecuencia. Por ello se recomiendan las formas factorizadas que, además, son más cómodas de interpretar (polos y ceros próximos o distantes) y de manejar (obtención de residuos, multiplicar módulos y sumar fases en la respuesta en frecuencia). Hay dos formatos básicos: en polos y ceros, o en constantes de tiempo:

$$F(s)=\frac{B(s)}{A(s)}=k\frac{(s-z_1)(s-z_2)\ldots}{(s-p_1)(s-p_2)\ldots}=K\frac{(1+T_{n+1}s)(1+T_{n+2}s)\ldots}{(1+T_1s)(1+T_2s)\ldots}$$

Obsérvese que K es la ganancia estática, pero no k. La segunda forma debe ser modificada si hay polos o ceros nulos (la ganancia estática ya no es K: es infinita, $F(s)$ inestable, o nula), o complejos (en pares conjugados). Véanse al comienzo de **4.2** las dos formas normalizadas para agrupar el par complejo: término independiente o término de mayor orden = 1.

Las unidades de $F(s)$ vienen determinadas por las de la salida $y(k)$ y la entrada $u(k)$. Son también las de K, si no hay polos ni ceros nulos.

La unidad de T es la unidad de tiempo adoptada: como hay sistemas rápidos y lentos, no siempre conviene medir el tiempo en segundos; pueden usarse *ms*, o min... Los valores de s, ceros y polos tienen la unidad de tiempo inversa. Análogamente, las pulsaciones ω vienen en rad/unidad de tiempo; en la práctica se habla también de frecuencias en Hz (o kHz, si la unidad de tiempo es el *ms*); no se olvide el factor 2 π. En este curso no se especificarán las unidades de tiempo, salvo en ejemplos o problemas muy concretos.

Al hablar de módulos y fases de números complejos, se supondrá por defecto que se trabaja en valores naturales A, con las unidades que correspondan a la función de transferencia, y radianes φ. Sin embargo, en muchos casos se manejan en la práctica los dB y los grados; esto se indicará siempre en el curso explícitamente:

$$A\text{ dB} = 20 \log A \qquad\qquad \varphi^{\circ}=\varphi\frac{180^{\circ}}{\pi}$$

PROBLEMAS

P2.1 Estudiar la necesidad de introducir la diferencia entre valor inicial y condición inicial, y la aplicación de la fórmula de la derivación.

a) Indicar el valor inicial y la condición inicial de $\cos(\omega t)$ y de $\cos(\omega t)u_0(t)$.
b) Indicar la transformada de Laplace de ambas funciones.
c) Obtener la derivada de ambas funciones.
d) Obtener la transformada de Laplace de la derivada de ambas funciones, a partir de c)
e) Obtener la transformada de Laplace de la derivada de ambas funciones, usando la propiedad de la derivada.

P2.2 Estudiar las respuestas de una típica compensación de adelanto de fase o retraso de fase: $F(s) = \dfrac{1+Ts}{1+fTs}$

a) Establecer las condiciones de estabilidad BIBO del sistema, en función de los valores de f y T.
b) Obtener las respuestas a un escalón para f, $T > 0$, en los casos $f < 1$ y $f > 1$, realizando un boceto de las mismas.
c) Comprobar, por distintos procedimientos, los valores final e inicial de la respuesta a un escalón, y la ganancia estática.
d) Obtener la respuesta temporal a una entrada $u(t) = \cos(\omega t)$, y condiciones iniciales nulas.
e) Comprobar que el régimen permanente de la anterior coincide con la respuesta en frecuencia, si el sistema es estable.

P2.3 En un sistema consistente en una autoinducción <u>ideal</u> (es decir, sin resistencia; supóngase una bobina superconductora) L, se considera como entrada la tensión aplicada, y como salida la intensidad resultante. Las conclusiones de este problema pueden resultar algo sorprendentes para alguien acostumbrado a manejar circuitos.

a) Obtener la respuesta temporal a una entrada $u(t) = \text{sen}(\omega t)$, para una intensidad inicial I_0.
b) Indicar el régimen permanente de la anterior respuesta, y si coincide con la respuesta en frecuencia. ¿Por qué?

P2.4 Se dan las siguientes respuestas impulsionales de tres sistemas distintos. Hacer un boceto de estas respuestas. Dar las funciones de transferencia de los sistemas. Obtener sus respuestas a un escalón. Indicar las ganancias estáticas de los sistemas estables.

a) $5e^{-5t}$

b) 10 sen($2t$)
c) 0,2e^{-10t} sen($5t$)

P2.5 Dada la función de transferencia: $F(s)=\dfrac{s^2+25}{s(1+2s)^2}$

a) Indicar si es estable BIBO.

Para las condiciones iniciales $y(0^-) = 1$, $y'(0^-) = -2$, $y''(0^-) = 0$:
b) Respuesta libre del sistema. Dar su régimen permanente.

Para la entrada $u(t) = 1 - \cos(5t)$ y condiciones iniciales nulas:
c) Respuesta forzada. Dar su régimen permanente. Dar los términos $y_u(t)$; $y_a(t)$ y discutir el resultado.

Respuesta en frecuencia:
d) Discutir qué sentido tiene aquí esta respuesta.
e) Obtener el módulo y la fase de la respuesta en frecuencia en función de ω
f) Particularizar lo anterior para ω = 0, 1, 5, 100.

P2.6 Señalar si cada uno de los siguientes sistemas es estable BIBO:

a) $\dfrac{1}{(s+2)(s+10)}$ b) $\dfrac{1}{(1+2s)(1+10s)}$ c) $\dfrac{1+2s}{s(1+5s)}$ d) $\dfrac{1-5s}{(1+2s)(1-2s)}$

e) $\dfrac{1-10s}{1+4s+4s^2}$ f) $\dfrac{1+4s}{s^2+25}$ g) $\dfrac{1}{s^2-2s+25}$ h) $\dfrac{1-2s}{s^2+2s+25}$

i) $\dfrac{(1-2s)(1+4s)}{(1+10s)(s+2-3j)(s+2+3j)}$ j) $\dfrac{(1-2s)}{(1+10s)(1-2s)}$

P2.7 Para el sistema consistente en un retardo $F(s) = e^{-0,2s}$
a) Dibujar la respuesta impulsional y la respuesta a un escalón.
b) Discutir si el sistema es estable.
c) Módulo y fase de la respuesta en frecuencia. Interpretar este resultado, relacionando tiempo y fase de la respuesta.

P2.8 Representar en diagrama de bloques un divisor de tensión en vacío y en carga. La entrada es la tensión aplicada u, la salida es la tensión medida y. También se representarán las variables intermedias i_1 e i_L. Usar un solo bloque para cada resistencia, y una resistencia o su inversa (admitancia) para cada bloque.

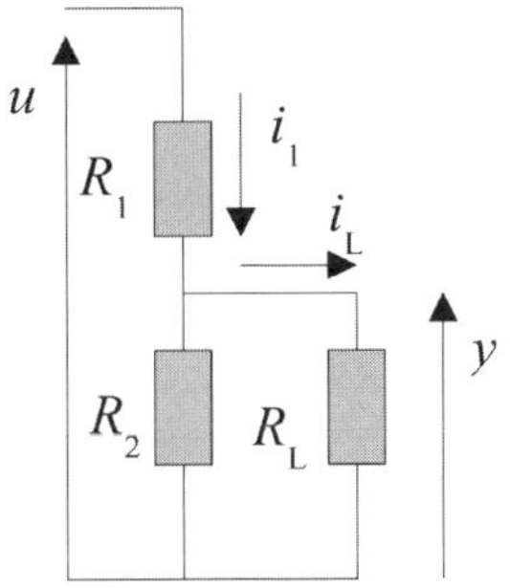

a) Para divisor en vacío ($i_L = 0$). Comprobar que, sorprendentemente, resulta un sistema realimentado. Eliminar, por álgebra de diagrama de bloques, la variable intermedia i_1 para obtener la relación y/u.
b) Para divisor con carga de corriente i_L conocida (no se conoce R_L). Aparece una nueva entrada independiente, i_L. Probar, reduciendo el diagrama, que $y = Gu - R_O i_L$, donde G es la división de tensión en vacío y R_O es la resistencia de salida del divisor.
c) Para divisor con carga resistiva R_L. Obtener el diagrama a partir del de b), añadiendo la relación conocida entre la tensión de salida y la corriente de carga. Obtener, reduciendo el diagrama, la relación y/u.

Obsérvese que las resistencias en serie o paralelo no se traducen en diagramas de bloques en serie o paralelo.

P2.9 Para el sistema descrito en el diagrama del apéndice **C**, para $B = 0$, y sin dar otros valores a los parámetros que los indicados en el diagrama:

a) Comprobar la función de transferencia reducida del motor dada en **C.2**, con salida v_M y entrada u_M, para $m_L = 0$.

Primero para $K_D = 0$, y después para cualquier valor de K_D:

b) Obtener la función de transferencia del *lazo abierto*, con salida y^o y entrada e^o, para $m_L = 0$.
c) Obtener la función de transferencia del *lazo cerrado*, que describe la influencia de la referencia sobre la posición de salida, con salida y^o y entrada r^o, para $m_L = 0$.
d) Obtener la función de transferencia que describe la influencia de la perturbación de par de carga sobre la posición de salida, con salida y^o y entrada m_L N.m, para $r = 0$.
e) Obtener la función de transferencia que describe la influencia de la referencia sobre la variable de mando, con salida u V y entrada r^o, para $m_L = 0$.

3

PRECISIÓN EN RÉGIMEN PERMANENTE

La precisión de un sistema de control se refiere a las diferencias, o errores, que el sistema presenta con respecto a los objetivos del control. Los objetivos más básicos de un sistema de control pueden formularse como:

1. Seguimiento de la referencia.
2. Rechazo de las perturbaciones.
3. Relativa insensibilidad a variaciones en el sistema controlado, o planta.

En este capítulo se analizarán estos objetivos para distintos tipos normalizados de referencias y perturbaciones, exclusivamente en el contexto del régimen permanente. Para ello deberá suponerse que el sistema es estable; el análisis de la estabilidad, así como el de los regímenes transitorios, se cubrirá en capítulos posteriores.

Como se verá, el análisis de régimen permanente es sencillo en los casos más frecuentes, bastando una simple inspección de las funciones de transferencia del modelo a estudiar; las conclusiones para el diseño son igualmente simples. Pero el significado físico y la aplicación pueden ofrecer algunas dificultades al principiante. Se debe prestar especial atención a la formulación del problema, y a los ejemplos presentados.

El uso de la realimentación es una constante en los sistemas de control, debido a su capacidad para satisfacer los objetivos 2) y 3). Ello incide en la forma de presentar los resultados de una forma especialmente útil para el diseño: en términos de la función de transferencia de *lazo abierto*, $G(s)$.

Se introducirán los estudios relacionados con el objetivo 3) mediante el concepto de *sensibilidad de Bode*.

3.1 Precisión en régimen permanente. Formulación

La salida de un sistema de control debe idealmente responder con toda fidelidad a los valores indicados por la referencia, y no ser influida en absoluto por las posibles perturbaciones. El análisis parte de modelar la influencia sobre la salida de la referencia, y de cada una de las perturbaciones consideradas (se usará solamente una para simplificar la presentación). De momento se supondrá el modelado más general posible, mediante funciones de transferencia $F(s)$ entre salida y referencia, y $F_d(s)$ entre salida y perturbación.

Los objetivos pueden formularse definiendo un modelo ideal de comportamiento, de función de transferencia $M(s)$. Se llama entonces error $e(t)$ a la diferencia entre la salida del modelo ideal $y_m(t)$ y la salida $y(t)$ del modelo estudiado. En transformadas de Laplace:

Comportamiento deseado: $Y_m(s) = R(s) \cdot M(s)$

Comportamiento: $Y(s) = R(s) \cdot F(s) + D(s) \cdot F_d(s)$

Error: $E(s) = Y_m(s) - Y(s)$

Usualmente se considera $M(s) = 1$: el sistema ideal seguiría exactamente la referencia. Se supondrá que esto es así en los desarrollos posteriores; pero es importante observar que no todos los sistemas necesariamente han de seguir a la entrada, lo cual puede implicar variaciones en la formulación y en las conclusiones que se establecerán posteriormente.

- Frecuentemente $r(t)$ e $y(t)$ son de naturaleza distinta (por ejemplo, la tensión de un potenciómetro y la velocidad de un motor, o la temperatura de un horno). $M(s) = 1$ requiere usar unidades correspondientes en ambas variables: lo más cómodo es usar para $r(t)$ las mismas unidades que $y(t)$, e incluso usar para ambas un % de la escala de medida.
- En la referencia pueden estar presentes elementos que no se desea seguir (por ejemplo, ruidos de frecuencia relativamente alta). Un planteamiento más riguroso establecería $M(s)$ como un filtro de esas frecuencias.
- Cuando se amplía la teoría a otros sistemas de estructura similar, los objetivos pueden ser completamente distintos. Por ejemplo, si se trata de construir un integrador, $M(s) = \frac{1}{s}$

Los errores pueden deberse a imperfecciones en el seguimiento de la referencia, o a la influencia, no deseada, de las perturbaciones. Es conveniente separar ambos efectos (podría usarse el principio de superposición de los sistemas lineales para volver a unirlos, aunque ello no suele ser necesario); se definirán el error de seguimiento y el error de (rechazo de) perturbación.

Error de seguimiento $e_s(t)$

Se estudia para perturbaciones nulas. Para condiciones iniciales nulas:

$$E_s(s) = R(s)M(s) - R(s)F(s) = R(s)[1 - F(s)]$$

Error de perturbación $e_d(t)$

Se estudia para cada perturbación por separado, con referencia nula. El error es simplemente toda salida que se produzca en estas condiciones, cambiada de signo por convenio. Para condiciones iniciales nulas:

$$E_d(s) = -D(s)F_d(s)$$

Ensayos

Los errores anteriormente definidos dependen de la naturaleza de las referencias y de las perturbaciones. Se considera útil usar una familia de entradas normalizadas, o ensayos: escalón, rampa, y rampa parabólica. (Por motivos históricos, referentes a los *servomecanismos*, cuya salida es un desplazamiento lineal o angular, se llaman también escalones de posición, de velocidad y de aceleración en la referencia). Se estudian entonces referencias y perturbaciones de la forma:

$$r(t), d(t) = \frac{t^i}{i!} u_0(t) \qquad R(s), D(s) = \frac{1}{s^{i+1}}$$

para $i = 0, 1, 2\ldots$ Nótese que se supone una magnitud normalizada de los distintos ensayos (escalón y rampa unitarios; en rampas de orden superior $i! \neq 1$). Los errores para otras magnitudes serán proporcionales.

Régimen permanente

Un sistema de control ha de ser estable; debemos suponer que lo es antes de realizar el análisis de los errores. Se estudia en este capítulo la tendencia final de los mismos, dejando para otros capítulos los valores, también importantes, de los errores transitorios (amortiguamiento y rapidez de su disminución). Los llamados errores en régimen permanente son, en realidad, los valores finales, que pueden obtenerse aplicando el teorema del valor final (nótese que la hipótesis de estabilidad garantiza que son independientes de las condiciones iniciales, que de esta forma se han supuesto nulas sin pérdida de generalidad).

$$E = e(\infty) = \lim_{s \to 0} [sE(s)]$$

Se dará el nombre genérico de precisión al conjunto de errores en régimen permanente, de seguimiento y de rechazo de las diferentes perturbaciones modeladas, para los distintos ensayos.

Aplicación a partir de las funciones de transferencia de lazo cerrado

Del desarrollo anterior pueden deducirse las siguientes expresiones para los errores de seguimiento y perturbación en régimen permanente, para distintos ensayos de orden i:

$$E_s = \lim_{s \to 0} \left[\frac{1}{s^i} (1 - F(s)) \right]$$

$$E_d = \lim_{s \to 0} \left[\frac{1}{s^i} (-F_d(s)) \right]$$

Para ensayo en escalón, $i = 0$, los errores en régimen permanente dependen solamente de las ganancias estáticas $F(0)$ y $F_d(0)$; errores nulos requieren $F(0) = 1$ y $F_d(0) = 0$. Para otros ensayos, pueden obtenerse reglas sencillas a partir de las funciones de transferencia en forma de cociente de polinomios; ver el *Problema P3.2*

Errores de realización

Los errores se han definido a partir de la diferencia entre un *modelo ideal*, que resume los objetivos, y el *modelo* de sistema de control a estudiar. Frecuentemente, éste último no incluye los errores de realización: por ejemplo, se supone que el medidor tiene una función de transferencia conocida o, lo que es lo mismo, error de medida nulo.

Ambas clases de errores provienen de causas muy distintas, y se disminuyen de manera muy diferente: mejorando el diseño del control los primeros, e invirtiendo en componentes de mejor precisión los segundos. Por este motivo, es preferible no mezclarlos, sino más bien compararlos: en una situación práctica de diseño, será en general más rentable emplear el dinero o el esfuerzo en disminuir las causas de los errores más significativos.

Algunos errores de realización pueden modelarse como perturbaciones, analizando sus efectos de la misma manera. Típicamente se hace con los errores de medida, o ruidos.

3.2 Estructura básica de los sistemas de control

Como se expuso en el capítulo **1**, la estructura básica de un sistema de control resulta de medir la variable controlada o salida, compararla con un valor de referencia, y deducir una actuación sobre la variable de mando de la planta, mediante una ley de control materializada en el regulador. El diagrama de bloques resultante se indica en la *Figura 3.1*. Para ilustración, se incluye también una perturbación particular, que actúa en el mismo punto que el mando (perturbación de carga); puede haber varias, introducidas en distintos puntos.

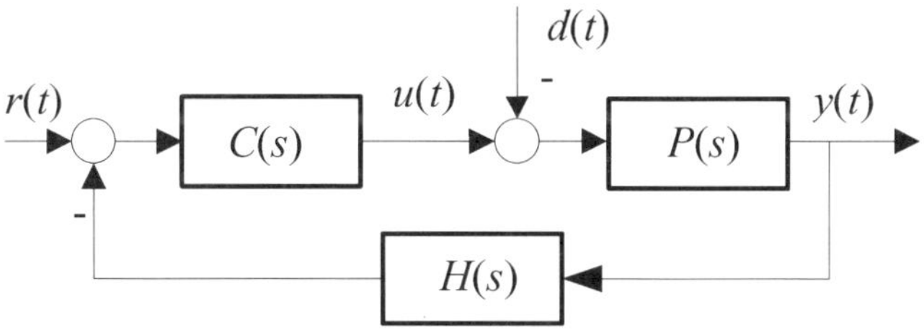

FIGURA 3.1 Estructura básica de un sistema de control

La relación global entre salida y referencia (para perturbación nula) se expresa en la función de transferencia en lazo cerrado $F(s)$:

$$F(s) = \frac{C(s)P(s)}{1 + C(s)P(s)H(s)}$$

Como se ha visto en el capítulo **2**, muchas propiedades importantes dependen de las raíces del denominador, y en definitiva del lazo abierto $G(s)$:

$$G(s) = C(s)\,P(s)\,H(s)$$

Por otra parte, al diseñar el regulador $C(s)$ es más fácil ver el efecto que producen las distintas opciones del mismo sobre el lazo abierto, que el que en definitiva producen sobre el lazo cerrado; de aquí que este concepto tenga especial importancia.

Una de las misiones del regulador es compensar, al menos parcialmente, el efecto de las perturbaciones: señales exteriores adicionales que influyen también sobre la variable controlada. Para estudiar su efecto, deben introducirse en el modelo, por ejemplo como se ilustra en la *Figura 3.1*, donde se tiene:

$$F_d(s) = \frac{-P(s)}{1 + G(s)}$$

Nótese que esta función de transferencia solamente difiere de $F(s)$ en el numerador; por tanto, ambas tienen muchas propiedades comunes (notablemente, la estabilidad, al menos si no hay cancelaciones).

Un caso especial muy importante es la realimentación unitaria, $H(s) = 1$. Resulta cuando se desprecia la dinámica del medidor, y además las unidades de salida y referencia se toman de forma compatible. Entonces:

$$F(s) = \frac{G(s)}{1 + G(s)}$$

La estructura básica que se acaba de presentar cubre una amplia mayoría de los casos prácticos; en todo caso es la primera a estudiar. Sin embargo, existen variantes no reducibles a ella, que pueden estudiarse con las ideas proporcionadas por la teoría básica, aunque no siempre de una forma tan cómoda.

3.3 Obtención de los errores por inspección del lazo abierto

Las relaciones entre lazo abierto y lazo cerrado aparecen en la mayor parte de los desarrollos de la teoría de control. En efecto, las características (estabilidad, errores, etc.) del sistema que se analiza o se diseña son las del lazo cerrado; pero es muy deseable obtener estas mismas características por análisis del lazo abierto. Ello se debe a que el modelo básico implica una realimentación, por lo que en análisis es más cómodo no estar obligado a obtener la función de transferencia en lazo cerrado; en diseño, cuando se consideran modificaciones del regulador $C(s)$, las implicaciones sobre el lazo abierto son relativamente sencillas de comprender, mientras que las consecuencias sobre el lazo cerrado son menos directas.

Se estudian aquí los errores suponiendo estructuras de lazo abierto muy comunes, a las que se llega habitualmente mediante una manipulación sencilla del diagrama de bloques del modelo. Sin embargo, no son completamente generales, y no siempre pueden obtenerse. En este caso, las conclusiones que se establecerán a continuación *no son aplicables*; para análisis ocasionales, se recomienda recurrir a las expresiones para el lazo cerrado dadas en **3.1**.

3.3.1 Errores de seguimiento para configuración típica

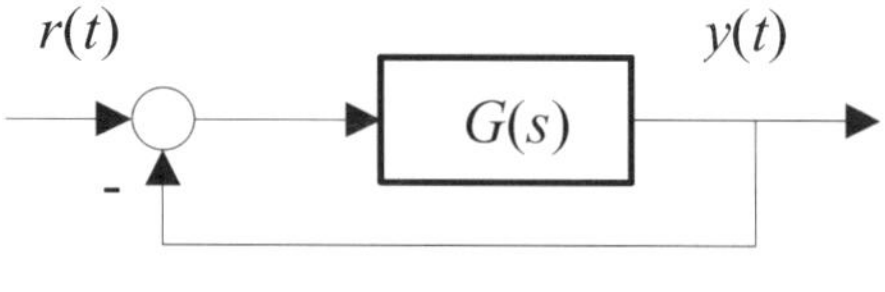

FIGURA 3.2 Configuración típica para errores de seguimiento

Considérese la configuración de la *Figura 3.2*, que es la básica con $H(s) = 1$

$$\text{Entonces: } E_s = \lim_{s\to 0}\left[\frac{1}{s^i}(1 - F(s))\right] = \lim_{s\to 0}\left[\frac{1}{s^i}\frac{1}{1+G(s)}\right]$$

El lazo abierto $G(s)$ contendrá usualmente varios términos que no influyen en el límite anterior; se agruparán en una función de transferencia de ganancia estática unidad, $G_0(s)$. Términos que sí influyen son las posibles integraciones (un sistema de control no puede incluir diferenciaciones en el lazo abierto, porque la salida debe responder a referencias constantes, que serían eliminadas por la diferenciación), y la ganancia estática del resto:

$$G(s) = \frac{K_h}{s^h} G_0(s) \qquad G_0(0) = 1$$

Esta separación puede hacerse por simple inspección de $G(s)$: el número de integraciones marca el <u>*tipo*</u> h del sistema; K_h es la ganancia estática de lo que queda quitando las integraciones. Entonces el límite toma los siguientes valores:

$$E_s = 0, \quad \text{si } h > i$$

$$E_s = \frac{1}{K_h}, \quad \text{si } h = i\,;\ \text{para } h = 0\ ,\ E_s = \frac{1}{1+K_0}$$

$$E_s = \infty, \quad \text{si } h < i$$

Tabla 3.1 Errores de seguimiento

	$i\downarrow \quad h\rightarrow$	0	1	2
Escalón $r(t) = 1$ de posición)	0	$\frac{1}{1+K_0}$	0	0
Rampa $r(t) = t$ (E. de velocidad)	1	∞	$\frac{1}{K_1}$	0
R. parabólica $r(t) = t^2 / 2$ (E. de aceleración)	2	∞	∞	$\frac{1}{K_2}$

Conclusiones

- El *tipo h* del sistema (número de integraciones del lazo abierto) indica cualitativamente la precisión. Los errores son nulos para ensayos de orden inferior, e infinitos para ensayos de orden superior.
- La ganancia K_h establece cuantitativamente el único error no nulo ni infinito, que es inversamente proporcional. No es estrictamente así para $h = 0$, pero muy aproximadamente si K_0 es elevada.
- $G_0(s)$ no influye en el error en régimen permanente (influye en la estabilidad, y en los errores transitorios).
- A tener en cuenta para diseño del regulador $C(s)$: la introducción de una integración mejora cualitativamente la precisión, anulando el error finito y limitando el primer error infinito. La elevación de la ganancia mejora cuantitativamente la precisión, disminuyendo el error de manera proporcional. Sin embargo, se verá en capítulos posteriores que tanto la introducción de integraciones como la elevación de la ganancia suelen empeorar la estabilidad del sistema, por lo que el diseño debe establecer un compromiso adecuado.

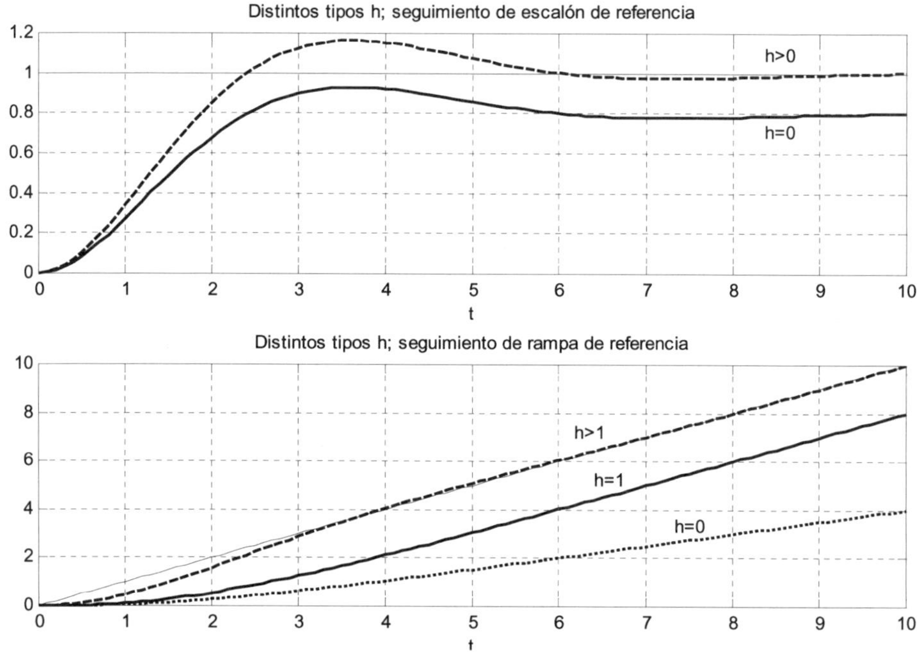

FIGURA 3.3 Respuestas típicas para ensayos en referencia

3.3.2 Errores de perturbación para configuración típica

Como para estos errores se supone referencia nula, se considerará la configuración de la *Figura 3.4*, que no necesariamente implica $H(s) = 1$, ya que esta función puede agruparse con otras.

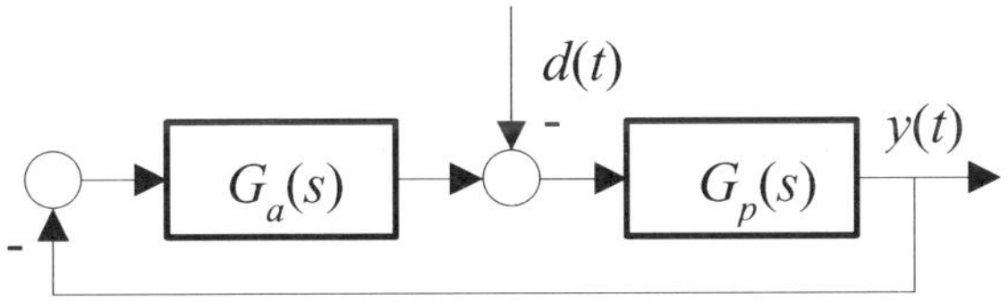

FIGURA 3.4 Configuración típica para errores de perturbación

Entonces: $$E_d = \lim_{s\to 0}\left[\frac{1}{s^i}(0 - F_d(s))\right] = \lim_{s\to 0}\left[\frac{1}{s^i}\frac{1}{\dfrac{1}{G_p(s)} + G_a(s)}\right]$$

Se realiza ahora una separación de términos similar a la efectuada en el apartado anterior, pero solamente en la función de transferencia anterior a la perturbación, $G_a(s)$. Se empleará la misma notación para resaltar la similitud con el análisis anterior, pero cada separación suele dar resultados diferentes.

$$G_a(s) = \frac{K_h}{s^h} G_{a0}(s) \qquad G_{a0}(0) = 1$$

El límite toma los siguientes valores:

$$E_d = 0, \quad \text{si}\, h > i$$
$$E_d = \frac{1}{K_h}, \quad \text{si}\, h = i \text{ ; para } h = 0 \text{ , } E_d = \frac{1}{\dfrac{1}{G_p(0)} + K_0}$$
$$E_d = \infty, \quad \text{si}\, h < i$$

Tabla 3.2 Errores de perturbación

	$i\downarrow \quad h\rightarrow$	0	1	2
Escalón $d(t)=1$	0	$\dfrac{1}{\dfrac{1}{G_p(0)}+K_0}$	0	0
Rampa $d(t)=t$	1	∞	$\dfrac{1}{K_1}$	0
Rampa parabólica $d(t)=t^2/2$	2	∞	∞	$\dfrac{1}{K_2}$

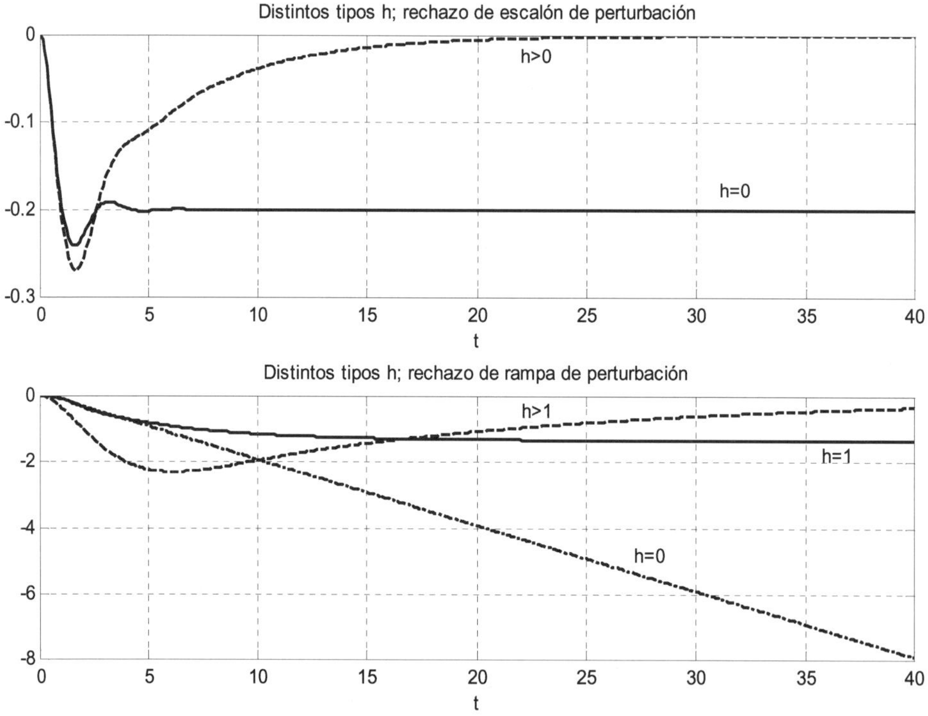

FIGURA 3.5 Respuestas típicas para ensayos en perturbación

Conclusiones

- Las conclusiones son casi idénticas a las del apartado anterior, pero solamente es importante la función de transferencia *anterior a la perturbación*, $G_a(s)$.
- Las integraciones después de la perturbación no mejoran la precisión. La ganancia estática $G_p(0)$ solamente influye si $h = i = 0$, escasamente si $G_p(0)K_0 >> 1$. Si $G_p(s)$ contiene alguna integración, $G_p(0) = \infty$ y la expresión se reduce a la regla general.
- El regulador está en muchos casos antes de la perturbación. Entonces, la introducción de una integración mejora cualitativamente la precisión, y la elevación de la ganancia K_h mejora cuantitativamente la precisión de forma proporcional. Nótese que las perturbaciones introducidas en la medida de la salida, o ruidos de medida, no se ven afectadas de esta manera.

3.4 Ejemplo de aplicación

El diagrama de la *Figura 3.6* modela un regulador de nivel de un depósito.

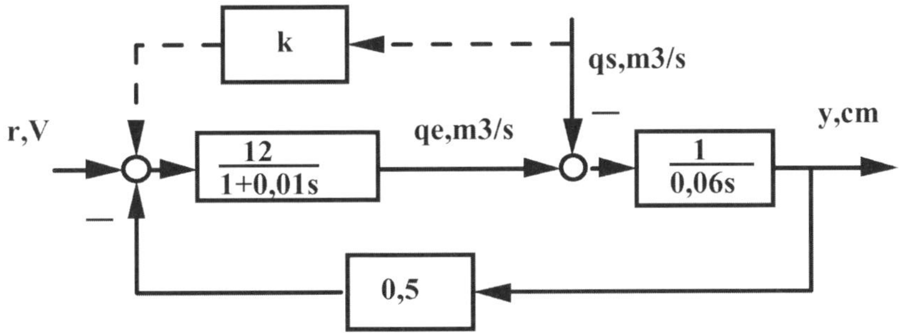

Figura 3.6 Un regulador de nivel

Planta: El nivel es proporcional a la integral del caudal neto, diferencia entre el caudal entrante, controlado por una válvula, y el caudal saliente, impuesto por el consumo que sirve el depósito, y que se considerará una perturbación.

Medición: Se desea una correspondencia nivel/referencia de 2 cm/V; para ello se usa un transductor de nivel con una ganancia estática de 0,5 V/cm.

Regulador: se abre o cierra la válvula con un motor controlado por tensión, de forma que la apertura se pretende proporcional a la diferencia entre una referencia (en V) y la salida del transductor. Como el motor no puede abrir instantáneamente la válvula, se ha modelado la relación mediante la función de transferencia indicada, que considera la salida en unidades de caudal, y la entrada en V. Se indica con trazos una prealimentación, que se explicará posteriormente; de momento puede suponerse que no existe.

Modelo

Aunque la referencia es un voltaje, se medirá en nivel equivalente según la relación deseada entre nivel y referencia. Este cambio de unidades implica la modificación indicada en la *Figura 3.7*. Además del caudal de carga, se considera como perturbación el error de la medida, en cm.

Compruébese como ejercicio que el sistema en lazo cerrado es estable.

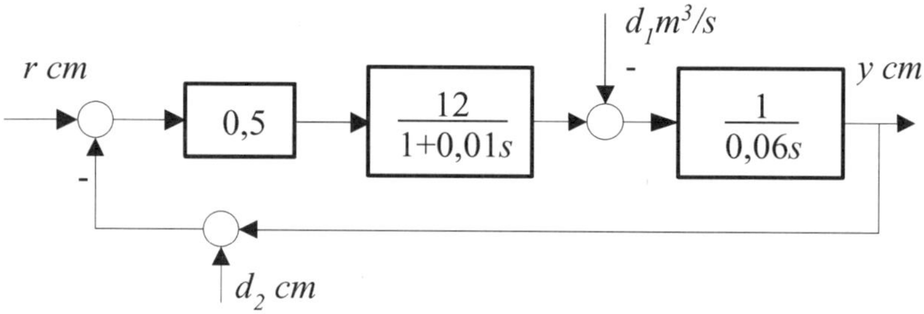

FIGURA 3.7 Diagrama de bloques para estudio de la precisión

Errores de seguimiento

El sistema es de tipo h = 1, debido a la integración de la planta. Por tanto, el error de seguimiento al escalón es nulo (en efecto, para perturbaciones nulas, si no cambia el nivel, la válvula debe estar cerrada, y ser nula la diferencia entre referencia y salida).

$K_1 = 0{,}5\frac{12}{0{,}06} = 100$. El error para una rampa unitaria (de 1 cm/s) es 0,01 cm. El error a la rampa parabólica es infinito – crece indefinidamente.

Si se modifica el modelo para considerar que la medida del transductor no es instantánea, $H(s) = \frac{1}{1+0{,}001s}$, no es aplicable el análisis de **3.3.1** (esta modificación podría afectar a la estabilidad del sistema; compruébese que sigue siendo estable). Obteniendo *F*(*s*) y los límites correspondientes, según **3.1**, se obtiene un error a una rampa unitaria de 0,009 cm.

Errores de perturbación d_1 (consumo)

El sistema es de tipo $h = 0$, debido a que la integración está después de la perturbación. $K_0 = 0{,}5.12 = 6$. Por tanto, un consumo constante de 1 m^3/s provoca, en régimen permanente, una disminución de nivel de 1/6 cm. Consumos crecientes no pueden ser acomodados por el regulador; en régimen permanente: los errores son infinitos. Nótese que no influye la modificación del modelo del transductor.

Errores de perturbación d_2 (medida)

Regulador y planta están después de la perturbación. El sistema es de tipo $h = 0$. $K_0 = 1$. Por tanto, y como por otra parte es lógico, un error de medida de 1 cm provoca, en régimen permanente, un error de salida de 1 cm. Como ejercicio, estudiar cuidadosamente las manipulaciones necesarias para obtener el formato de la *Figura 3.4*, y los signos resultantes.

Mejoras

La evaluación de las posibles mejoras está fuertemente condicionada por el estudio de la estabilidad, tema que debe dejarse para más adelante. El aumento de la ganancia del regulador disminuye el amortiguamiento del sistema, pudiendo incluso desestabilizarlo si crece mucho y se considera el modelo modificado del transductor. La adición simple de una integración al regulador (por ejemplo, haciendo que sea la velocidad de la válvula, y no su posición, proporcional al error), produce un sistema inestable (para cualquier constante de proporcionalidad); pero añadiendo otros términos en el regulador puede obtenerse de nuevo un sistema estable.

Suponiendo que se logra estabilizar el sistema, la adición de una integración mejora cualitativamente los errores de seguimiento y de perturbación d_1; pero no modifica los errores de perturbación d_2.

Prealimentación

Cada vez con más frecuencia, a medida que la flexibilidad de la instrumentación lo permite, se emplean variantes de la configuración típica. Por ejemplo, si la perturbación de consumo es medible, puede emplearse una señal adicional en el regulador, con objeto de que éste haga frente al nuevo consumo sin esperar a detectar la variación de la salida a través de la realimentación. Este tipo de control, que no implica realimentación (*feed-*

back) porque no cierra ningún lazo, suele denominarse prealimentación (*feedforward*). Ver la *Figura 3.6*

Puede comprobarse que, ajustando la ganancia de prealimentación al valor $k = 1/12$, se obtiene $F_d(0) = 0$, y por tanto se anula el error al escalón en la perturbación d_1. Algunos comentarios pertinentes son:

- La prealimentación no altera el denominador de $F_d(s)$, por lo que no se altera la estabilidad del sistema.
- El ajuste es crítico: si varía la ganancia de la válvula, el error deja de ser nulo.
- La prealimentación no puede sustituir a la realimentación; si se elimina ésta, el sistema deja de ser estable.

3.5 Robustez y sensibilidad

El modelado del sistema a controlar es en muchos casos impreciso, bien sea por la eliminación de efectos supuestamente pequeños, bien porque varía de unos puntos de operación a otros (por ejemplo, en un depósito esférico, el área, y por tanto la variación del nivel con el caudal neto, depende a su vez del nivel medio considerado). El diseño del regulador se efectúa típicamente sobre una función de transferencia $P(s)$ nominal, pero es deseable que este diseño sea *robusto*, es decir, que las características del lazo cerrado no dependan excesivamente de la planta, sino más bien del medidor y el regulador, normalmente mucho más constantes.

Para medir la robustez de un diseño pueden emplearse distintas técnicas de sensibilidad, consistentes esencialmente en obtener la variación de distintas características del lazo cerrado (polos, ganancia estática, función de transferencia, etc.) cuando varían otras características (parámetros, funciones de transferencia) del modelo de la planta. Se describirá a continuación una de estas técnicas.

Sensibilidad de Bode

La función de transferencia de lazo cerrado, $F(s)$ depende de la función de transferencia de la planta, $P(s)$. La sensibilidad de Bode de la primera con respecto a la segunda es:

$$S_{FP}(s) = \frac{\mathrm{d}F(s)/F(s)}{\mathrm{d}P(s)/P(s)} = \frac{\mathrm{d}F(s)}{\mathrm{d}P(s)}\frac{P(s)}{F(s)}$$

Se usa la derivada, por lo que es aplicable a incrementos suficientemente pequeños. Lo especial de la sensibilidad de Bode es la normalización: los incrementos se dividen por la magnitud total (pueden expresarse en %). Sustituyendo s por $j\,\omega$ se obtiene la respuesta en frecuencia de la sensibilidad, típicamente para el margen de frecuencias de interés.

Para la configuración básica de la *Figura 3.1* se obtienen expresiones importantes. Se define la sensibilidad $S(s)$

$$S(s) = S_{FP}(s) = \frac{\mathrm{d}\,F(s)}{\mathrm{d}\,P(s)}\frac{P(s)}{F(s)} = \frac{1}{1+G(s)}$$

La sensibilidad complementaria coincide con el lazo cerrado para $H(s) = 1$

$$T(s) = 1 - S(s) = \frac{G(s)}{1+G(s)} = F(s) \ \text{si}\, H(s) = 1$$

Ejemplo 3.1 Aquí será suficiente particularizar para $s = 0$, es decir, para las ganancias estáticas, en la configuración básica de la *Figura 3.1*. Véase en el capítulo **7** otra aplicación de la respuesta en frecuencia de la sensibilidad.

$$S(0) = S_{FP}(0) = \frac{1}{1+G(0)} \qquad S_{FH}(0) = \frac{-G(0)}{1+G(0)}$$

Si se supone $G(0)$ elevada, por ejemplo = 100, para un incremento en $P(0)$ del 50%, $F(0)$ varía aproximadamente un 0,5%. En cambio, la variación de $F(0)$ es prácticamente igual a la variación de $H(0)$ (con signo cambiado). Por tanto, en estas condiciones, el lazo cerrado depende mucho menos de la planta (cuyo modelo es, típicamente, no muy exacto, o variable) que de la realimentación (que puede construirse con mucha mayor precisión).

§

PROBLEMAS

P3.1 Estudiar la precisión de seguimiento y de las perturbaciones indicadas en los diagramas de bloques del capítulo **4**.

a) Problema *P4.1*
b) Problema *P4.2*
c) Problema *P4.3*

P3.2 Obtener los errores de seguimiento y perturbación, frente a ensayos de orden i, en función de los coeficientes de polinomios numerador y denominador:

$$F(s), F_d(s) = \frac{b_0 + b_1 s + b_2 s^2 + \ldots}{1 + a_1 s + a_2 s^2 + \ldots}$$

a) Demostrar que los errores siguen la misma distribución de errores nulos, finito e infinitos según el orden del ensayo. ¿Cómo se obtiene, en cada caso, el tipo h?
b) Obtener, en cada caso, el error para $i = h$
c) Resumir la información en tablas como la *3.1* y *3.2*

P3.3 De las *Figuras 3.3* y *3.5* es posible deducir K_h en los sistemas en los que se indica exactamente el tipo h.
a) Deducir K_h de las respuestas a referencia, para los distintos sistemas de la *Figura 3.3*
b) Deducir K_h de las respuestas a perturbación, para los distintos sistemas de la *Figura 3.5*. Donde sea necesario, suponer que hay una integración después de la perturbación.

P3.4 Sobre el esquema de la *Figura 3.1*, mostrar cómo puede obtenerse error de seguimiento nulo al escalón sin integraciones en $C(s)$ ni $P(s)$, retocando la ganancia de realimentación: $H \neq 1$.
a) Concretar el valor si $C(0).P(0) = 5$
b) Obtener la sensibilidad $S(0)$, e interpretarla.

P3.5 Para el modelo de servomecanismo descrito en el apéndice **C**:
a) Estudiar los errores de seguimiento, primero para $K_D = 0$. Indicar de qué parámetros dependen. Concretar la interpretación física y las unidades de estos errores.
b) Considerando el par de carga como perturbación estudiar los errores, primero para $K_D = 0$. Indicar de qué parámetros dependen. Concretar la interpretación física y las unidades de estos errores.
c) Relacionar los anteriores resultados con los del *Problema P2.9*

4

RESPUESTA TEMPORAL

En el capítulo **3** se han estudiado las respuestas de un sistema de control en régimen permanente; también es importante la forma de llegar a este régimen: en más o menos tiempo (rapidez), o con más o menos oscilaciones (amortiguamiento). En este capítulo se introducen estos dos importantes conceptos, a partir del estudio de la respuesta a un escalón en referencia.

Se comienza por el estudio de dos modelos sencillos: los llamados *sistemas de primer orden y de segundo orden*. Este estudio es importante por sí mismo, ya que es muy frecuente encontrar estos modelos; además, proporciona las bases para una comprensión sólida de sistemas más complicados.

El material de este capítulo puede aplicarse tanto a sistemas de control completos como a subsistemas de los mismos, en distintas situaciones:

- Análisis de un sistema de función de transferencia conocida.
- Identificación de un modelo, a partir de la respuesta.
- Diseño de sistemas de control.

4.1 SISTEMA DE *PRIMER ORDEN*

Por definición, se considera el siguiente modelo:

$$F(s) = \frac{1}{1+\tau s} = \frac{a}{s+a}$$

Este modelo básico no incluye cualquier función de transferencia de orden 1; se suponen además las siguientes condiciones:

- Estable: polo $-a$ negativo, constante de tiempo τ positiva. No incluye por tanto el integrador $\frac{1}{s}$, otro modelo muy básico.

Algunas propiedades de esta respuesta

Lo más interesante de esta respuesta es el régimen permanente, $y_P(t) = t - \tau$. Deshaciendo la normalización de la ganancia estática, puede verse que:

- Si $F(0) < 1$, la salida va a menos velocidad que la entrada, por lo que la diferencia entre ambas aumenta indefinidamente (error de seguimiento infinito).
- Si $F(0) = 1$, la salida va a la misma velocidad que la entrada; pero existe una diferencia en el tiempo de valor τ, o lo que es lo mismo, una diferencia en magnitudes de valor $v.\tau$, para $u(t) = vt$ (error de seguimiento finito, pero no nulo).
- Se obtienen las mismas conclusiones mediante el análisis de la precisión en régimen permanente, expuesto en el capítulo **3**.

4.2 SISTEMA DE *SEGUNDO ORDEN*

Por definición, se considera el siguiente modelo:

$$F(s) = \frac{1}{1 + \frac{2\zeta}{\omega_n}s + \frac{1}{\omega_n^2}s^2} = \frac{\omega_n^2}{s^2 + 2\zeta\omega_n s + \omega_n^2}$$

Este modelo básico no incluye cualquier función de transferencia de orden 2; se suponen además las siguientes condiciones:

- Estable: Todos los coeficientes del polinomio denominador son positivos. Como límite, suele considerarse también el caso inestable $\zeta = 0$.
- Sin ceros (términos en s en el numerador).
- Normalización $F(0) = 1$

4.2.1 Polos y respuestas; visión general

Los polos de $F(s)$ indican los términos presentes en la respuesta temporal; son:

$$s = \omega_n\left(-\zeta \pm \sqrt{\zeta^2 - 1}\right)$$

Si $\zeta \geq 1$, los polos son reales, y si $\zeta < 1$, los polos son complejos. Se representa en la *Figura 4.2* el <u>lugar de las raíces</u>, al variar ζ, de un sistema con ω_n constante; y en la *Figura 4.3* respuestas típicas a un escalón.

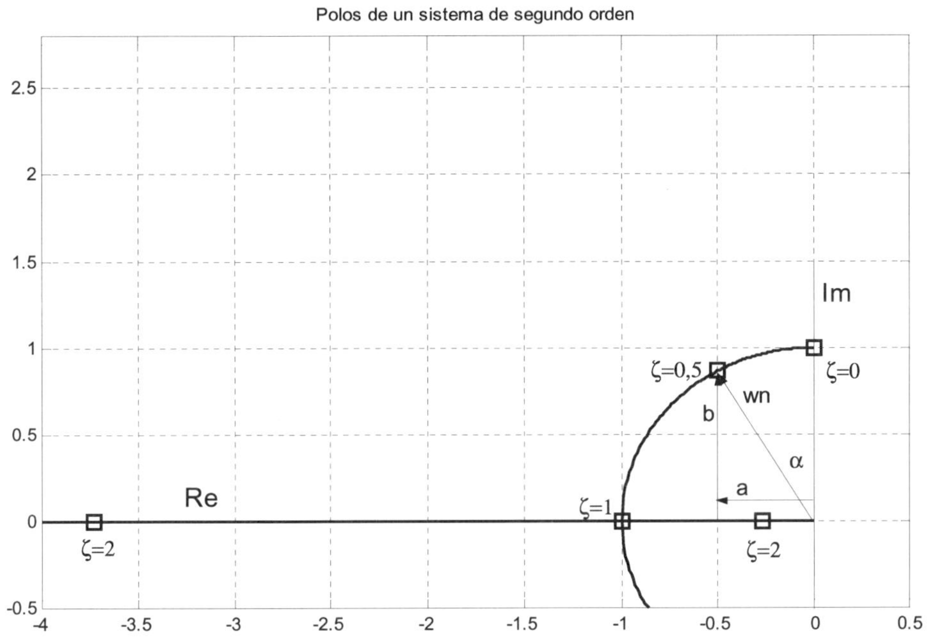

FIGURA 4.2 Polos de un sistema de *segundo orden*, para ω_n constante

Algunas propiedades de la respuesta

- El régimen permanente es $y_P(t) = 1$, salvo para el sistema oscilante de $\zeta = 0$
- La respuesta es idéntica en sistemas de igual ζ, salvo la escala de tiempos: éstos son inversamente proporcionales a ω_n (obsérvese que los polos son proporcionales a ω_n).
- Para $\zeta < 1$ (los sistemas de mayor interés teórico y práctico) aparecen oscilaciones, como corresponde a un par complejo de polos. Éstas son más apreciables cuanto menor es el amortiguamiento ζ. Para ζ = 0 no se amortiguan, y el sistema oscila con la pulsación propia no amortiguada ω_n.

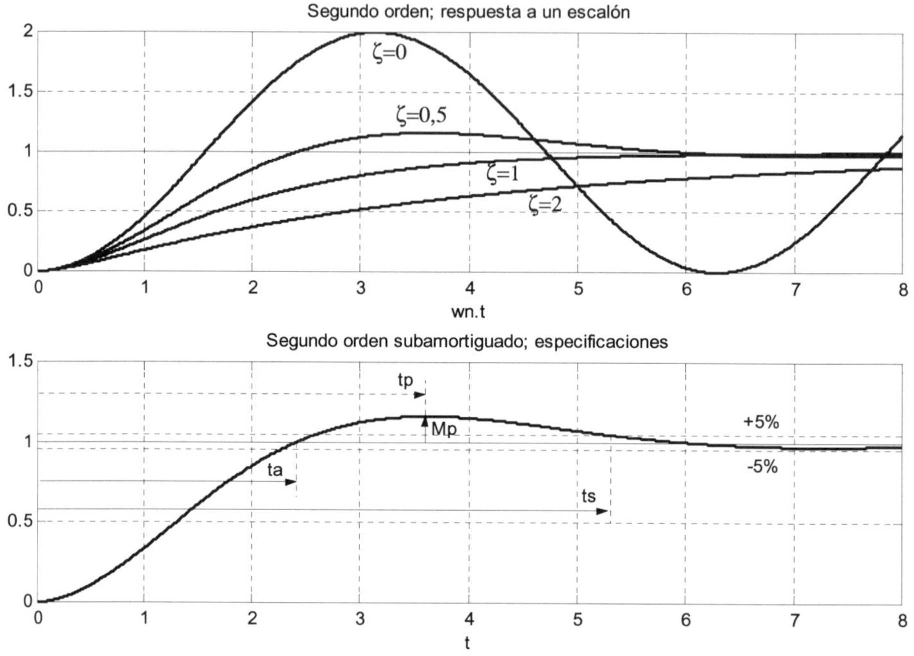

FIGURA 4.3 Respuestas a un escalón de sistemas de *segundo orden*, y especificaciones

4.2.2 Respuesta a un escalón, para $\zeta \geq 1$

El sistema puede descomponerse en dos de *primer orden* en cascada. Se mide el amortiguamiento mediante el parámetro ζ, llamando amortiguamiento crítico a $\zeta = 1$, y sistemas sobreamortiguados a los de $\zeta > 1$.

$\zeta > 1$

Dos polos reales distintos $-a_1 > -a_2$

$$-a_1 = -\omega_n\left(\zeta - \sqrt{\zeta^2 - 1}\right)$$
$$-a_2 = -\omega_n\left(\zeta + \sqrt{\zeta^2 - 1}\right)$$

La respuesta a un escalón es:

$$y(t) = 1 - \frac{a_2}{a_2 - a_1} e^{-a_1 t} + \frac{a_1}{a_2 - a_1} e^{-a_2 t}$$

$\zeta = 1$

Dos polos reales iguales: $-a = -\omega_n$

La respuesta a un escalón es:

$$y(t) = 1 - e^{-at}(1 + at)$$

Rapidez

Incluso en casos tan sencillos como éstos no es posible despejar la variable tiempo y obtener una fórmula para el tiempo de establecimiento, siendo necesario obtenerlo por métodos numéricos.

Si ambos polos están suficientemente separados, la respuesta debida al polo más rápido ($-a_2$) se anula pronto; la respuesta es muy semejante a la del sistema de *primer orden* (salvo mirando con detalle el origen) y el tiempo de establecimiento depende solamente del polo lento ($-a_1$). Además, al polo más rápido le corresponde un residuo menor. Para $\zeta = 2$, ver la *Figura 4.2*:

$$a_2 = 13{,}93a_1 \qquad y(t) = 1 - 1{,}0774e^{-a_1 t} + 0{,}0774e^{-a_2 t} \qquad ts \cong 3/a_1$$

Para amortiguamiento crítico $\zeta = 1$, se obtiene $t_s \cong 4{,}74/a$

4.2.3 Respuesta a un escalón, para $\zeta < 1$

Los polos forman un par complejo conjugado:

$$s = -a \pm bj = \omega_n\left(-\zeta \pm \sqrt{1-\zeta^2}\,j\right)$$

Son útiles las relaciones representadas en la *Figura 4.2*. Véase que la pulsación propia no amortiguada ω_n es el módulo de los polos, y el amortiguamiento ζ es el seno del ángulo a que forman con el eje imaginario.

$$\omega_n = \sqrt{a^2 + b^2} \qquad\qquad \zeta = \operatorname{sen}\alpha$$

La respuesta a un escalón se obtiene a partir de

$$Y(s) = \frac{1}{s}\,\frac{\omega_n^2}{(s+a-bj)(s+a+bj)} =$$

$$= \frac{1}{s} + \frac{R}{(s+a-bj)} + \frac{R^*}{(s+a+bj)}$$

El residuo se puede obtener por consideraciones geométricas, obteniendo su módulo y su fase a partir de productos de vectores.

$$R = \frac{\omega_n^2}{(-a+bj)(2bj)} = \frac{1}{2\cos\alpha} e^{-j(\pi+\alpha)}$$

Finalmente, $$y(t) = 1 - \frac{1}{\cos\alpha} e^{-at} \cos(bt-\alpha)$$

Ver respuestas a un escalón, y la definición de las especificaciones que se tratarán a continuación, en la *Figura 4.3*

Amortiguamiento

Los sistemas poco amortiguados se caracterizan por alguno de los siguientes fenómenos: 1) al principio de la respuesta a un escalón, la salida sobrepasa demasiado el valor final; 2) se producen varias oscilaciones visibles en la salida antes de establecerse en el valor final. En los sistemas de *segundo orden* ambos fenómenos coinciden, como veremos. Estudiando los máximos y mínimos de la respuesta temporal:

$$\frac{dy(t)}{dt} = 0 = -a\cos(bt-\alpha) - b\,\mathrm{sen}(bt-\alpha) \qquad \mathrm{tg}(bt-\alpha) = \frac{-a}{b}$$

Como $\mathrm{tg}\,\alpha = \frac{a}{b}$, la ecuación se satisface para $t = q\frac{\pi}{b}$, $q = 0, 1, 2 \ldots$

En el origen $t = 0$ hay un mínimo (derivada inicial = 0). El primer pico se da para $q = 1$, donde se definen el tiempo de pico t_p y el sobrepaso M_p (convencionalmente se mide desde 1, y no desde 0).

$$t_p = \frac{\pi}{b} \qquad M_p = e^{-\pi\,\mathrm{tg}\,\alpha} = R_p$$

El segundo pico, medido desde 1 y en valor absoluto, resulta igual a M_p^2: M_p es no solamente el sobrepaso, sino también la relación entre picos sucesivos R_p. Por ejemplo, en un sistema de *segundo orden* bien amortiguado, si el primer pico es del 10%, el segundo es del 1% y el tercero del 0,1%. En otro poco amortiguado, si el primer pico es del 90%, el segundo es del 81%, el tercero del 73%, etc. En otros sistemas esta interesante propiedad no se da necesariamente: es característico que los ceros significativos producen sobrepaso sin oscilaciones correspondientes; ver **4.4.1**.

Nótese que M_p es función solamente de ζ.

Nota sobre los sistemas con ganancia estática no unitaria

Las especificaciones de amortiguamiento que se acaban de ver, y las de rapidez que se verán a continuación, se definen sobre el valor de régimen permanente. Por ejemplo, si éste es 0,8 y el valor del máximo es 0,96, el sobrepaso es del 20%. En los sistemas de *segundo orden*, esto implica que las fórmulas dadas en función de ζ y ω_n son también aplicables a la función de transferencia:

$$\frac{F(0)}{1+\dfrac{2\zeta}{\omega_n}s+\dfrac{1}{\omega_n^2}s^2}$$

Rapidez

Para comparar la rapidez de dos sistemas de *segundo orden* con igual ζ, puede emplearse ω_n, o cualquier tiempo característico de la respuesta, ya que sólo difieren en la escala de tiempos. Las oscilaciones están marcadas por la parte imaginaria de los polos, o pulsación propia $\omega_d = b$ (puede obtenerse midiendo el semiperiodo: tiempo entre picos sucesivos, o entre pasos por 1 consecutivos; nótese que los picos no equidistan de los pasos por 1). El primer paso por 1 se produce en el tiempo de alcance t_a.

$$\omega_d / \omega_n = \cos\alpha \qquad \omega_n t_a = \frac{\pi/2+\alpha}{\cos\alpha} \qquad \omega_n t_p = \frac{\pi}{\cos\alpha}$$

Los tiempos de alcance y de pico en realidad dan idea únicamente de la rapidez de la subida de la respuesta; un criterio más global es el tiempo de establecimiento t_s: tiempo que transcurre hasta que la salida queda con una diferencia de menos del 5% con respecto al régimen permanente. Esta medida es suficientemente buena a efectos prácticos para comparar la rapidez de sistemas genéricos con diferente amortiguamiento, pero tiene algunos inconvenientes:

- No es posible obtener una expresión analítica más que en casos muy sencillos, de primer orden. Para los sistemas de *segundo orden* subamortiguados puede verse la *Figura 4.4* y las tablas del apéndice **D**.
- Esta medida, aparentemente tan realista, adolece de curiosas discontinuidades (obsérvense en la *Figura 4.4*) que aconsejan no tomarla al pie de la letra. Se producen cuando hay un pico de exactamente el 5%: el tiempo de establecimiento se mide bastante antes que en un sistema con un pico ligeramente superior, que de esta forma se considera bastante más lento sin suficiente motivo.

Pueden superarse ambas dificultades usando la aproximación conocida como tiempo de establecimiento de la exponencial t_τ

$$\omega_n t_\tau = \frac{\ln 20}{\operatorname{sen}\alpha} \cong 3/\zeta$$

pero este criterio no puede emplearse con confianza para comparar sistemas con distinto amortiguamiento: a igual ω_n, resultan más rápidos los sistemas más amortiguados, al contrario que usando las otras medidas indicadas.

Para ω_n constante el mínimo tiempo de establecimiento se obtiene con $\zeta = 0{,}7$. Este mínimo no aparece en t_τ.

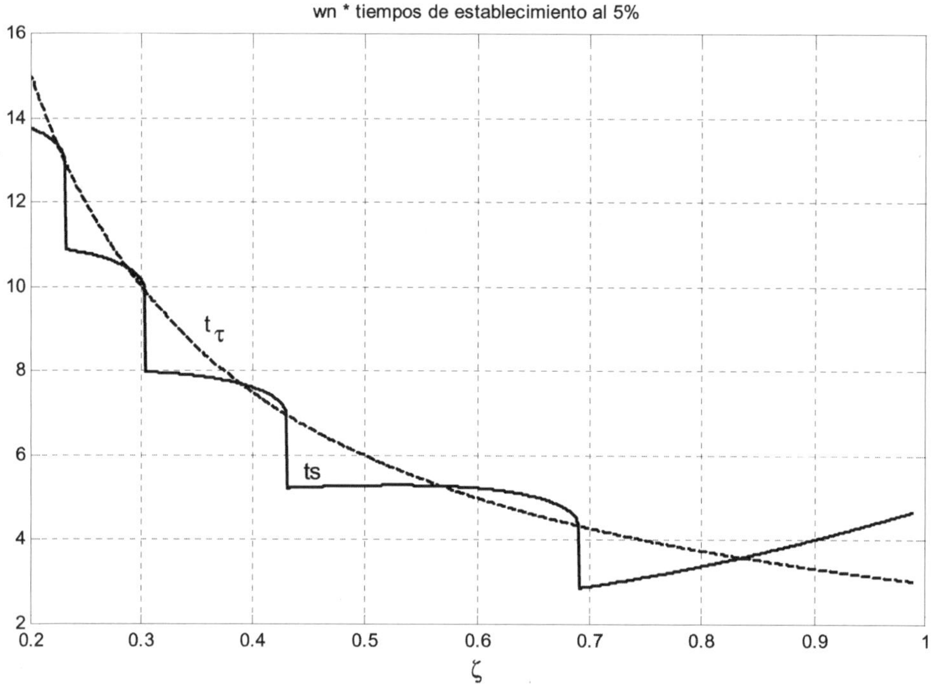

FIGURA 4.4 Tiempos de establecimiento

Véanse las tablas del apéndice **D**. Para más detalles, puede consultarse **Pagola**.

4.3 SISTEMAS DE CONTROL Y MODELOS

Un mismo sistema puede tener distintos modelos, según la información disponible o el tiempo empleado en obtenerla. Por ello es importante discutir si un modelo determinado puede ofrecer la información que se está buscando para diseñar o analizar el sistema de control. Lo que hasta ahora se ha analizado como *sistemas de primer y segundo orden* pueden ser en realidad *modelos* de sistemas de control, obtenidos típicamente despreciando efectos supuestamente secundarios, como pequeñas constantes de tiempo. Se hará una primera discusión de este tema, que también resulta útil para algunos diseños sencillos, pero frecuentes en la práctica, basados en estos modelos. La justificación de algunas de las afirmaciones que se hacen debe esperar a la exposición de otros aspectos importantes de la teoría de control, notablemente la estabilidad.

4.3.1 El *sistema de segundo orden* como modelo de un sistema de control

Muchos sistemas de control pueden diseñarse, al menos aproximadamente, como sistemas de *segundo orden*, aunque este modelo no permita contestar a preguntas sobre estabilidad. Por otra parte, muchos sistemas modelados con más detalle tienen un comportamiento general similar al de los sistemas de *segundo orden*.

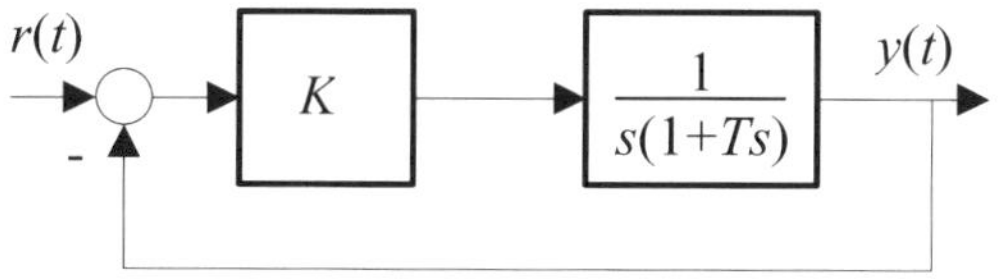

FIGURA 4.5 Un sistema de control con modelo de *segundo orden*

El modelo de servomecanismo descrito en el apéndice **C** puede reducirse al indicado en la *Figura 4.5*. Para ello:

1) Se supone $m_L = 0$; $B = 0$
2) Se desprecian las constantes de tiempo T_a y T_e
3) Se supone de momento $K_D = 0$
4) Se simplifica el diagrama de bloques.

Entonces:

a) K es un valor ajustable mediante la ganancia de control proporcional K_P
b) $T = T_m$

Véase el *Problema P4.4*

Obteniendo la función de transferencia en lazo cerrado, e igualándola con el modelo de segundo orden:

$$F(s) = Y(s) / R(s) = \frac{K}{Ts^2 + s + K} = \frac{\omega_n^2}{s^2 + 2\zeta\omega_n s + \omega_n^2}$$

Identificando términos iguales: $\omega_n = \sqrt{\frac{K}{T}}$ $\qquad \zeta = \frac{1}{2\sqrt{KT}}$

Supóngase ahora que T está dado, por pertenecer al sistema a controlar (planta), y que se puede variar K con el regulador:

- El sistema es estable para cualquier valor positivo de K.
- El amortiguamiento disminuye al aumentar K. Para obtener un amortiguamiento determinado, se ajustará K: $\zeta = 0{,}5$ da $K = 1/T$
- La rapidez es más complicada de analizar. Al aumentar K aumenta ω_n, pero disminuye ζ. Disminuyen los tiempos de alcance y de pico, pero aumenta el sobrepaso y habría que estudiar qué sucede con el tiempo de establecimiento (nótese que el mínimo tiempo de establecimiento no tiene por qué darse para $\zeta = 0{,}7$, ya que ω_n también varía).
- En la práctica, como no es tolerable un sobrepaso excesivo, se fijará primero el amortiguamiento, y entonces la rapidez y la precisión en régimen permanente vienen determinadas.

Puede demostrarse que el amortiguamiento y la rapidez, así como los valores razonables de K, no cambian demasiado si se han despreciado constantes de tiempo pequeñas con respecto a T para obtener el modelo. Por otra parte, este modelo no permite establecer límites de estabilidad, ya que dependen precisamente de las pequeñas constantes de tiempo despreciadas.

Muchos diseños de servomecanismos se basan en estas sencillas ideas. Si se añade una realimentación de velocidad (derivada de la posición: K_D en el servomecanismo del apéndice **C**), puede también cambiarse la constante de tiempo efectiva T, con lo que se puede fijar arbitrariamente el amortiguamiento y la rapidez, mientras el modelo de *segundo orden* siga siendo válido.

4.3.2 El sistema de *primer orden* como modelo de un sistema de control

Es raro que un sistema de control pueda diseñarse a partir de un modelo de *primer orden*. Este modelo es demasiado sencillo para muchas de las preguntas que surgen en la práctica, que requieren un modelado más detallado o, en otras palabras, tener en cuenta efectos de segundo orden despreciados en el modelo de primer orden. En cambio, el sistema de *primer orden* es un modelo frecuentemente usado para subsistemas de un sistema más complicado.

El modelo de servomecanismo descrito en el apéndice **C** puede reducirse al indicado en la *Figura 4.6*. Para ello:

1) Hacer todas las simplificaciones indicadas en **4.3.1**
2) Despreciar también la constante de tiempo mecánica; la velocidad resulta proporcional a la tensión de inducido. Obviamente, esto implica aceptar aceleraciones infinitas, ya que la inercia es cero.

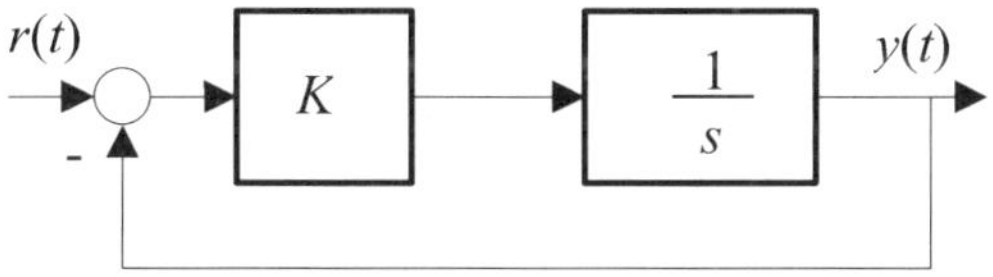

FIGURA 4.6 Un sistema de control con modelo de *primer orden*

La función de transferencia en lazo cerrado es

$$F(s) = Y(s) / R(s) = \frac{K}{K+s} = \frac{1}{1+\tau s}$$

Supóngase ahora que se puede variar K con el regulador:

- El sistema es estable para cualquier valor de K.
- El amortiguamiento es independiente del valor de K, y no se producen oscilaciones. Podríamos concluir que se trata de un sistema sobreamortiguado, aunque todavía no disponemos de definiciones (puede usarse alguno de los índices basados en la respuesta en frecuencia que se definen en el capítulo **7**).
- La rapidez es proporcional a K; puede medirse por la constante de tiempo $\tau = 1/K$, el polo $-a = K$, o el tiempo de establecimiento $t_s = 3/K$.

Parece entonces que no hay inconveniente en que el valor de K sea muy alto (el sistema es estable y amortiguado), e incluso es preferible (la rapidez y la precisión aumentan). En la práctica, los valores posibles de K dependen de la tecnología usada en el regulador; con tecnología electrónica (analógica o digital), los límites suelen ser elevados. Entonces es cuando aparece la diferencia entre el sistema real y el modelo: pequeñas constantes de tiempo despreciadas en el modelo motivarán una pérdida de amortiguamiento al elevar K (ver **4.3.1**), o incluso inestabilidad.

En efecto, este ejemplo puede ser interpretado como una simplificación del de **4.3.1**, despreciando T. Puede extraerse entonces la conclusión de que T no puede despreciarse, por pequeña o difícil de obtener que resulte, pues influye esencialmente en el criterio de diseño por amortiguamiento. Más vale estimarla con poca precisión que olvidarse de ella. Por otra parte, si no se usan valores de K elevados, el modelo puede ser válido.

4.4 Sistemas en general. Especificaciones de respuesta temporal

Los parámetros ζ y ω_n solamente se pueden definir para un sistema de *segundo orden* (a veces se emplean también si hay ceros, pero entonces las fórmulas desarrolladas no son aplicables).

Estos parámetros se relacionan fácilmente con los polos. Si el sistema es suficientemente parecido a uno de *segundo orden*, pueden usarse aproximadamente las características de los polos dominantes de segundo orden: ello supone que el resto de polos y ceros tienen un módulo suficientemente grande, o bien que los polos y ceros están suficientemente próximos entre sí, y compensan sus efectos.

Para cualquier sistema pueden usarse especificaciones basadas en la respuesta a un escalón, obtenida por simulación, analíticamente, o por medidas sobre el sistema; recuérdese que las fórmulas dadas anteriormente solamente son aplicables a sistemas de *segundo orden*. Véase el apéndice **D**

Algunas recomendaciones típicas (se corresponden, redondeando) para las especificaciones de amortiguamiento son:

$$\zeta = 0{,}5 - 0{,}7 - 1 \qquad \alpha = 30^\circ - 45^\circ - 90^\circ \qquad M_p = 15\% - 5\% - 0\%$$

No hay recomendaciones típicas para la rapidez, que es muy variable de unos sistemas de control a otros.

Como conclusión, se han visto y discutido varias medidas de amortiguamiento y rapidez. Todavía se indicarán otras medidas, basadas en la respuesta en frecuencia. Estos conceptos son extremadamente útiles, aunque pecan de imprecisos, incluso en sistemas de *segundo orden*. Por ello, aunque se usan mucho en este curso y en la práctica, conviene no fiarse del todo de ellos. A veces hay que hacer correcciones, que se detallarán mejor en casos concretos. En sistemas complicados, y afortunadamente no muy comunes, los conceptos pueden ser relativamente inaplicables. En el fondo, la idea es describir la dinámica de cualquier sistema con dos parámetros, como si fuera de segundo orden; pero hay sistemas bastante distintos.

4.4.1 Efectos de ceros y polos adicionales

Aunque típicamente se obtienen las respuestas de los sistemas por simulación, es útil dar una idea de las modificaciones que introducen ceros y polos adicionales a los de segundo orden sobre la respuesta a un escalón de un sistema.

Cero adicional

Añadiendo al sistema de *segundo orden* un cero z, sin variar la ganancia estática unidad:

$$Y(s) = \frac{1}{s} \frac{a^2 + b^2}{(s+a)^2 + b^2} \frac{s - z}{-z} \qquad y(t) = 1 + Ae^{-at} \cos(bt + \varphi)$$

El cero solamente introduce una modificación en el residuo calculado para los polos de segundo orden:

$$Ae^{j\varphi} = \frac{1}{\cos\alpha} e^{-j(\pi+\alpha)} \frac{-a + bj - z}{-z}$$

Si mod[z] >> mod[$-a + bj$] = ω_n, la modificación es pequeña.

Polo adicional

Añadiendo al sistema de *segundo orden* un polo p, sin variar la ganancia estática unidad:

$$Y(s) = \frac{1}{s} \frac{a^2 + b^2}{(s+a)^2 + b^2} \frac{-p}{s - p} \qquad y(t) = 1 + Ae^{-at} \cos(bt + \varphi) + Re^{-pt}$$

El polo introduce una modificación en el residuo calculado para los polos de segundo orden, y además un término exponencial:

$$Ae^{j\varphi} = \frac{1}{\cos\alpha} e^{-j(\pi+\alpha)} \frac{-p}{-a + bj - p} \qquad R = -\frac{a^2 + b^2}{(p+a)^2 + b^2}$$

Si mod[p] > > mod[$-a + bj$] = ω_n, ambas modificaciones son pequeñas.

Un estudio

Para polos de segundo orden con $\zeta = 0{,}5$, se obtiene la *Figura 4.7* de respuestas a un escalón, y la *Tabla 4.1* de especificaciones, con ceros y polos más o menos significativos. Nótese que los sistemas con polo o cero de módulo suficientemente grande tienden al sistema de *segundo orden*

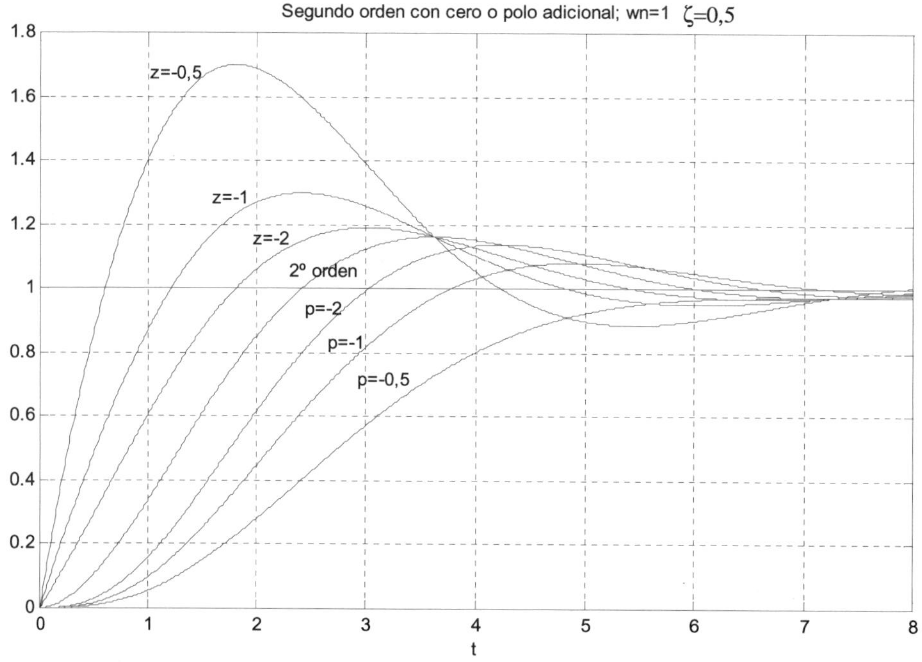

FIGURA 4.7 Respuestas a un escalón con cero o polo adicional

Tabla 4.1 Sistema de *segundo orden* (ζ = 0,5) con cero o polo adicional

Cero z	$-z/\omega_n$	M_p %	R_p %	$\omega_n t_p$	$\omega_n t_s$
	0,5	69,9	16,3	1,81	6,85
	1	29,8	16,3	2,42	4,38
	2	19,1	16,3	3,02	4,78
	5	16,7	16,3	3,41	5,08
	10	16,4	16,3	3,51	5,19
Segundo orden	∞	16,3	16,3	3,63	5,29
	10	16,2	16,3	3,73	5,39
	5	15,9	16,3	3,85	5,49
	2	13,9	16,3	4,23	5,79
	1	8,1	18,1	4,92	5,97
	0,5	-	-	-	5,44
Polo p	$-p/\omega_n$				

- Los ceros (negativos) incrementan el sobrepaso, y los polos (negativos) lo disminuyen, pudiendo desaparecer para polos muy significativos. La relación entre picos, que ya no coincide con el sobrepaso, es sensiblemente constante: depende más de los polos de segundo orden que del cero o del polo, salvo si este último es muy significativo.
- Los ceros adelantan el tiempo de pico, y los polos lo retrasan. Nótese que el adelanto o retraso es del orden de la constante de tiempo adicional (inversa del módulo del polo o cero).
- El tiempo de establecimiento presenta sus típicas discontinuidades, según que los picos pasen o no del 5%. Por ello, tanto los ceros como los polos pueden aumentarlo o disminuirlo.
- Hay dos reglas diferentes de uso común (aunque, naturalmente, su validez depende de la precisión con la que deseen obtenerse los resultados). El efecto de un polo o cero adicional es prácticamente despreciable si:
  1) su módulo es 5 veces mayor que el de los polos de segundo orden.
  2) su constante de tiempo es 10 veces menor que la de los polos de segundo orden.

PROBLEMAS

En los apartados o problemas marcados con ** se recomienda el uso de MATLAB.

P4.1 Sobre el modelo del diagrama:

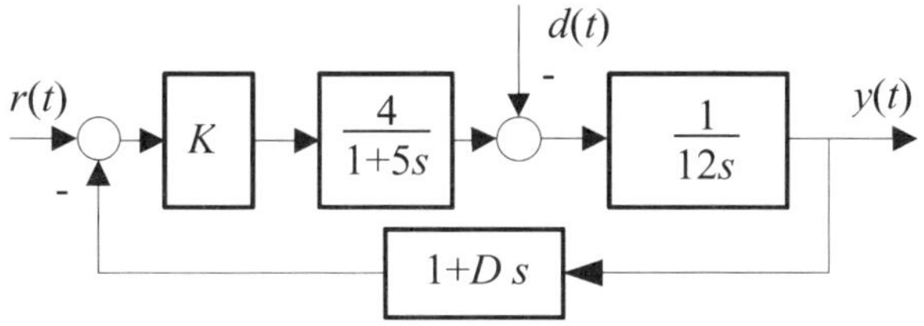

a) Dar la precisión de seguimiento y perturbación $d(t)$, en función de K y D
b) Dar valores a K y D para que, en la respuesta a escalón en $r(t)$, el sobrepaso sea del 4% y el tiempo de pico = 2.
c) Dar los polos del sistema, el tiempo de establecimiento, el tiempo de alcance, el valor del primer valle de la respuesta, y el tiempo correspondiente.

P4.2 Identificar los parámetros del modelo del diagrama, con los datos que se dan. Nótese que la ganancia estática de $F(s)$ no es 1.

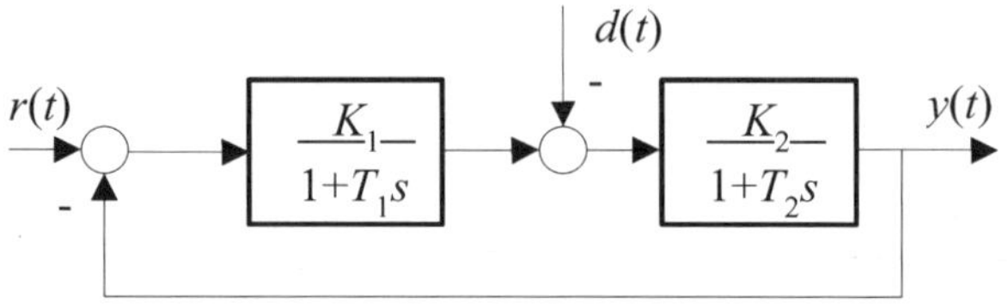

- Para $d(t) = 0$ y $r(t) = 0,85$ en escalón: $y = 0,765$ en régimen permanente; $y(t)$ presenta un máximo = 1,025; tiempo entre máximo y mínimo sucesivos es 2,56
- Para $d(t) = 0,6$ y $r(t) = 0,85$: $y = 0,645$ en régimen permanente.

a) Obtener los valores de K_1, K_2, T_1, T_2.

P4.3 Sobre el modelo del diagrama:

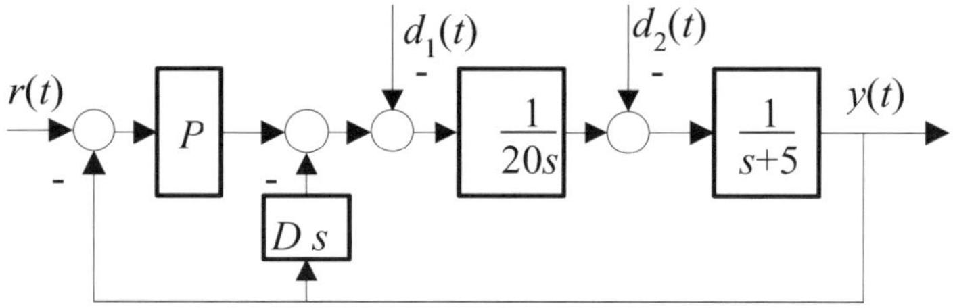

a) Dar valores a P y D para que la respuesta $y(t)$ a un escalón en $r(t)$ tenga un sobrepaso del 10% y un tiempo de alcance de 0,5 segundos.
b) Obtener en función de P y D el error de seguimiento y los errores de perturbación para cada una de las perturbaciones.
c) Hacer un boceto de la respuesta $y(t)$ a un escalón en $r(t)$, acotando los valores más significativos, e incluyendo una estimación del tiempo de establecimiento al 5%.

P4.4 El servomecanismo descrito en el apéndice **C** mueve un brazo de robot de sección uniforme y longitud 40 cm, con una masa de 0,9 kg. Considérese que el eje secundario del reductor está situado en un extremo del brazo.

a) Obtener el momento de inercia total reducido al eje del motor.

Se despreciarán los rozamientos, la constante de tiempo eléctrica y la del amplificador. Se desea que no haya sobrepaso, por lo que se especifica un amortiguamiento $\zeta = 1$

Para $K_D = 0$:

b) Deducir los valores de K y T del modelo de **4.3.1**

c) Obtener el valor de K_P necesario.
d) Obtener los parámetros de la respuesta a un escalón.
e) Estudiar la precisión de seguimiento y de perturbación. Interpretar ambas.
f) Se aplica en el otro extremo del brazo del robot una fuerza de 4 N. Calcular el par motor, la corriente del motor y la desviación de la posición de salida, en régimen permanente.

Se usa ahora la realimentación de velocidad $K_D \neq 0$, obtenida mediante un medidor de velocidad.

g) Obtener los valores de K_D y K_P para obtener una rapidez 10 veces mayor.
h) Estudiar la precisión de seguimiento y de perturbación. Interpretar ambas.

Para ambos diseños:

i) ** Simular la respuesta a un escalón en referencia de 100°, incluyendo las constantes de tiempo despreciadas. Comparar con las respuestas de los sistemas de *segundo orden*

P4.5* Cuando se usa control PI (proporcional más integral) aparece en lazo cerrado una pareja de cero y polo lentos, pero bastante próximos. En este problema se estudia su efecto en dos casos concretos; supóngase que resulta un sistema de segundo orden con $\zeta = 0{,}5$ y $\omega_n = 1$, precedido de un par cero/polo:

$$F(s) = \frac{1 + T_1 s}{1 + T_2 s} \frac{1}{1 + s + s^2}$$

a) Para $T_1 = 5$, $T_2 = 4$ (cero dominante sobre el polo). Dar la respuesta a un escalón del par cero/polo y del total.
b) Para $T_1 = 5$, $T_2 = 6$ (polo dominante sobre el cero). Dar la respuesta a un escalón del par cero/polo y del total.
c) Dibujar las cuatro respuestas anteriores, junto con la del sistema de segundo orden.
d) Dar las respuestas analíticas $y(t)$ en los cinco casos, comparando los coeficientes.

P4.6 El siguiente diagrama describe un modelo de un servomecanismo de posición. La referencia y la salida tienen un margen de 0 a π rad. El par de carga tiene un margen de ±1 Nm. El mando es la tensión aplicada al motor, con un margen de ±50 V; en este problema no se considerará la saturación del mando.

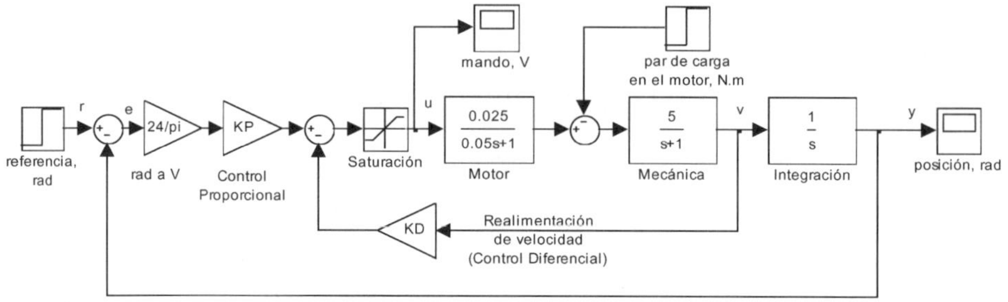

Cálculos con modelo de segundo orden, obtenido despreciando la constante de tiempo del motor (0,05 s):

a) Para $K_P = 10$ y $K_D = 0$, estimar los parámetros de la respuesta a un escalón en referencia: M_p, t_a, t_s.

b) Ajustar K_P con $K_D = 0$ para amortiguamiento $\zeta = 0{,}5$. Estimar M_p, t_a, t_s. Errores en régimen permanente de seguimiento y perturbación. Interpretarlos para una referencia especificada y para el máximo par de carga.

c) Ajustar K_P y K_D para amortiguamiento $\zeta = 0{,}5$ y rapidez 10 veces mayor que la de b).

Modelo de tercer orden:

d) Analizar errores en régimen permanente de seguimiento y perturbación en función de K_P y K_D. Comprobar b) y aplicar al ajuste c).

e) ** Respuestas para un escalón en referencia y un escalón en par de carga. Comparar la respuesta transitoria de los modelos de segundo y tercer orden en los ajustes de a), b) y c): obtener M_p, t_a, t_s. Comprobar la precisión en RP.

Especificaciones (valores aproximados): sobrepaso del 15%, tiempo de alcance de 0,2 s en la respuesta a escalón en referencia.

f) Se tiene la esperanza de que baste ajustar dos polos, y el tercero no influya mucho. Obtener los polos de un sistema de segundo orden con las especificaciones dadas. Ajustar K_P y K_D para asignar estos polos en el polinomio característico. Analizar el tercer polo, y si influirá mucho en la respuesta deseada. Nótese que es diferente intentar despreciar una constante de tiempo del lazo abierto, como se hizo anteriormente en el ajuste c), que despreciarla en lazo cerrado, como se plantea ahora.

g) ** Obtener la repuesta del diseño f), comparando con la del sistema de segundo orden.

5

RESPUESTA EN FRECUENCIA

En este capítulo se presentan las bases del análisis de respuesta en frecuencia; algunos de los criterios de estabilidad del capítulo **6**, y su desarrollo en el capítulo **7**, conducirán a los métodos de diseño del capítulo **8**.

La comparación de la respuesta en frecuencia de los sistemas de *primer* y *segundo orden* con la respuesta temporal estudiada en el capítulo **4** permite deducir nuevos índices de amortiguamiento y rapidez, basados ahora en la respuesta en frecuencia del lazo cerrado.

Se definirán los gráficos más empleados: Bode, Nyquist y Black, así como reglas para obtener un boceto rápido, que resultan útiles aun disponiendo de programas de ordenador.

5.1 GRÁFICOS DE RESPUESTA EN FRECUENCIA

Se recogen aquí las definiciones fundamentales; a lo largo del capítulo se irán dando ejemplos.

Como se ha visto en el capítulo **2**, la respuesta en frecuencia puede obtenerse sustituyendo s por $j\omega$ en la función de transferencia $F(s)$.

Para una entrada senoidal $u(t) = \cos(\omega t)$ $\qquad y_P(t) = A\cos(\omega t + \varphi)$

$$Ae^{j\varphi} = F(j\omega)$$

La expresión analítica de la respuesta en frecuencia se hace complicada muy rápidamente; la información correspondiente se maneja mucho más fácilmente de forma gráfica, mediante alguna de las tres formas clásicas: Bode, Nyquist y Black. Aunque todas ellas recogen la misma información, la comodidad para trabajar difiere grandemente de unas a otras (también influye la práctica del diseñador).

Gráfico de Bode

Se emplean dos gráficos separados para la amplitud y la fase.

— Abcisas: Pulsación ω (a veces frecuencia $f = \omega/2\pi$), en graduación logarítmica. Por tanto, a una determinada *razón* de frecuencias corresponden intervalos iguales. Es típico hablar de décadas (razón = 10), y octavas (razón = 2); el nombre viene de las siete notas de la escala musical: la octava nota es de frecuencia doble.

— Ordenadas: Amplitud en decibelios A dB y fase en grados $\varphi°$.

$$A\,\mathrm{dB} = 20 \log A \qquad\qquad \varphi^{\mathrm{o}} = \varphi \frac{180^{\mathrm{o}}}{\pi}$$

Estas definiciones permiten:

1) Aproximar gráficos mediante unos pocos segmentos rectos.
2) Componer amplitudes de funciones de transferencia en serie mediante suma de dB (y, naturalmente, suma de fases), como se indicará en **5.4**.

Gráfico de Nyquist

En filtros, y al analizar la respuesta en lazo cerrado, la amplitud de la respuesta en frecuencia tiene más importancia que la fase. En el lazo abierto de un sistema de control, en cambio, ambas tienen igual importancia, y especialmente la relación entre ambas. Por ello es conveniente reunirlas en un solo gráfico, aunque la información sobre la frecuencia queda un tanto oscurecida. El gráfico de Nyquist es un gráfico en coordenadas polares, que indica la amplitud y la fase al variar la frecuencia (en principio de 0 a ∞).

El gráfico de Nyquist es útil en bocetos y explicaciones cualitativas; pero no es muy cómodo para trabajar con valores concretos. El cambio de amplitud se traduce en una homotecia, y el de fase en una rotación.

Gráfico de Black

Más frecuentemente llamado gráfico de Nichols, en realidad lo empleó antes Black, algo injustamente olvidado; puede verse el artículo original (1934) en **Thaler**. Se reúnen también la amplitud y la fase en un solo gráfico, con una extraña pero cómoda graduación, que es la misma del gráfico de Bode:

Abcisas: Fase en grados (negativos)   Ordenadas: Amplitud en dB

Como en el gráfico de Nyquist, cada punto corresponde a una pulsación; esta graduación en frecuencias no suele ser explícita, por lo que es necesario conservar en alguna parte la información correspondiente. Las operaciones más frecuentemente empleadas, el cambio de amplitud y de fase, se traducen en simples traslaciones.

5.2 Sistema de *primer orden*

Tomando el modelo de *primer orden*: $F(s) = \dfrac{1}{1+\tau s}$

$$Ae^{j\varphi} = \frac{1}{1+\omega\tau j} \qquad A = \frac{1}{\sqrt{1+(\omega\tau)^2}}; \; A\,\mathrm{dB} = -10\log(1+(\omega\tau)^2) \qquad \varphi = -\operatorname{arctg}(\omega\tau)$$

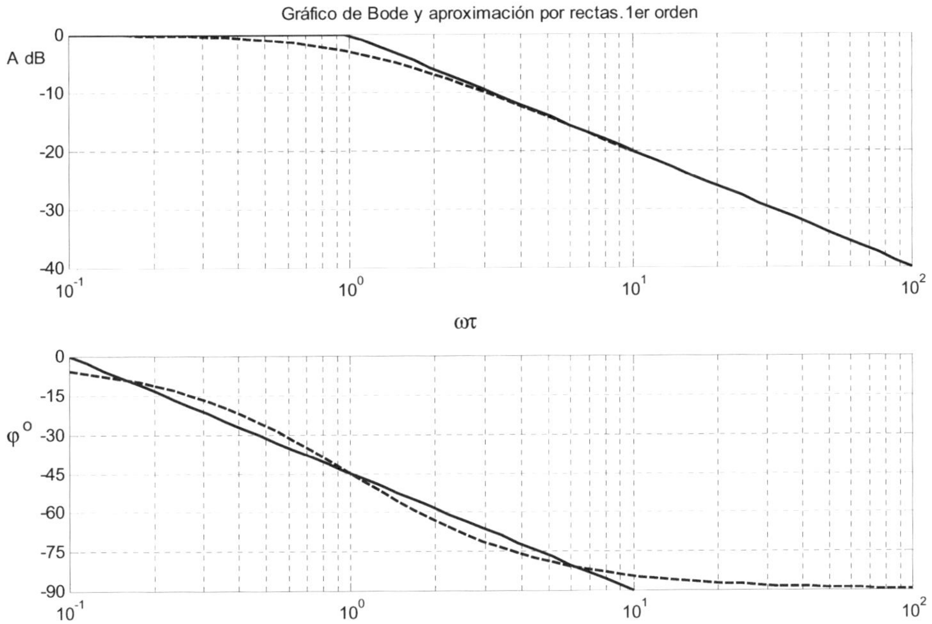

Figura 5.1 Gráfico de Bode y aproximaciones de un sistema de *primer orden*

La *Figura 5.1* describe la respuesta en frecuencia de cualquier sistema de *primer orden*; para ello basta usar la pulsación normalizada $\omega\tau$. En trazo continuo, aproximaciones por tramos rectos.

Tabla 5.1 Algunos puntos característicos de la respuesta en frecuencia de un sistema de *primer orden*

$\omega\tau$	A	A dB	φ^{o}
0	1	0	0
0,1	1,00	–0,0	–5,7
0,5	0,89	–1,0	–26,6
1	0,71	–3,0	–45
2	0,45	–7,0	–63,4
10	0,10	–20	–84,3
∞	0	∞	–90

La amplitud A decrece al aumentar la frecuencia Este comportamiento se corresponde con el de un filtro de pasa baja:

- Para frecuencias suficientemente bajas, $(\omega\tau)^2 << 1$, la amplitud es esencialmente igual a la ganancia estática: A dB = 0.
- Para frecuencias suficientemente altas, $(\omega\tau)^2 >> 1$, la amplitud A es inversamente proporcional a la frecuencia: A dB = $-20 \log(\omega\tau)$; pendiente de –20 dB/década o de –6 dB/octava.

En el gráfico de Bode, resultan dos rectas (asíntotas) que se cortan en $1/\tau$. La frecuencia de transición entre una zona y otra depende de τ; se define la pulsación de corte ω_c como aquella a la cual $A = F(0) / \sqrt{2}$ (3 dB por debajo de la ganancia estática). Para un sistema de *primer orden*:

$$\omega_c = 1 / \tau$$

La fase pasa de 0° a –90° en aproximadamente dos décadas. No hay asíntotas, pero puede emplearse la aproximación lineal indicada en la *Figura 5.1*, con errores inferiores a 6°.

Rapidez

Para un sistema de *primer orden*, es claro que la pulsación de corte ω_c es inversamente proporcional a la constante de tiempo τ, y por tanto al tiempo de establecimiento t_s (ver capítulo **4**). Un sistema será tanto más rápido cuanto mayor sea su pulsación de corte. Esta correlación, por otra parte, no es exclusiva de los sistemas de *primer orden*; se comprueba también en los de *segundo orden* y otros, y puede ser explicada intuitivamente de la siguiente manera: un sistema de alta pulsación de corte será capaz de seguir variaciones rápidas de la entrada sin atenuarlas, mientras que un sistema de más baja pulsación de corte las atenuará, siendo incapaz de seguirlas.

5.3 SISTEMA DE *SEGUNDO ORDEN*

Tomando el modelo de *segundo orden*: $F(s) = \dfrac{1}{1 + \dfrac{2\zeta}{\omega_n} s + \dfrac{1}{\omega_n^2} s^2}$

$$Ae^{j\varphi} = \frac{1}{1 - \left(\dfrac{\omega}{\omega_n}\right)^2 + 2\zeta \dfrac{\omega}{\omega_n} j} \qquad A\,\mathrm{dB} = -10 \log\left(\left(1 - (\omega/\omega_n)^2\right)^2 + (2\zeta\omega/\omega_n)^2 \right)$$

$$\varphi = -\operatorname{arctg} \frac{2\zeta\omega/\omega_n}{1 - (\omega/\omega_n)^2}$$

Nótese que la función arctg es ambigua (de valores múltiples); en este caso, para $\omega > \omega_n$ la calculadora daría valores de φ en el primer cuadrante cuando en realidad está en el tercero. Hay que recurrir al valor complejo $Ae^{j\varphi}$

En la *Figura 5.2* se recogen gráficos de Bode de sistemas de *segundo orden*, para distintos valores de ζ, usando la pulsación normalizada ω/ω_n. La amplitud decrece al aumentar la frecuencia. Para frecuencias suficientemente bajas con respecto a ω_n la amplitud es esencialmente igual a la ganancia estática (A dB = 0). Para frecuencias suficientemente altas, la amplitud A decrece de forma inversamente proporcional al cuadrado de la frecuencia (A dB = –40 log (ω/ω_n); pendiente de –40 dB/década o –12 dB/octava. Resultan dos asíntotas que se cortan en $\omega = \omega_n$, no indicadas en la figura para no oscurecerla. La fase pasa de 0° a –180°; es de –90° para $\omega = \omega_n$.

Tabla 5.2 Algunos puntos característicos de la respuesta en frecuencia de un sistema de *segundo orden*

ω / ω_n	A	A dB	φ^{o}
0	1	0	0
1	$1/2\zeta$	–6 –20 logζ	–90
∞	0	$-\infty$	–180

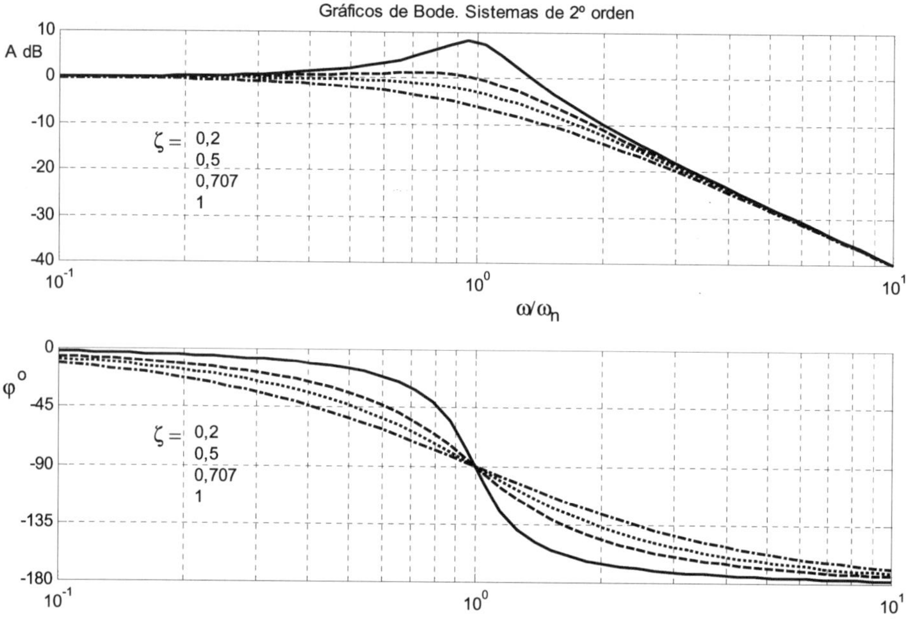

FIGURA 5.2 Gráfico de Bode de sistemas de *segundo orden*, variando ζ

Amortiguamiento y resonancia

Resonancia es un máximo en la amplitud de la respuesta en frecuencia.

Resolviendo $\dfrac{\mathrm{d}A}{\mathrm{d}\omega}=0$, se obtiene la pulsación de resonancia ω_r; solamente hay solución real para $\zeta \le 1/\sqrt{2}$. El pico de resonancia M_r es la relación entre el valor del máximo y la ganancia estática $F(0)$.

$$M_r = \frac{1}{2\zeta\sqrt{1-\zeta^2}} = \frac{1}{\mathrm{sen}(2\alpha)}$$

Existe una clara relación entre el amortiguamiento ζ y el pico de resonancia M_r. Este último se emplea frecuentemente como especificación de amortiguamiento en sistemas que no son de *segundo orden*, y por tanto no puede definirse ζ (ni son válidas las fórmulas indicadas). Recomendaciones típicas son 1,4 y 2,3 dB.

Rapidez

Puede compararse la rapidez de sistemas de similar amortiguamiento mediante la pulsación de resonancia, y mediante la pulsación de corte. Esta última se obtiene resolviendo $A = \frac{1}{\sqrt{2}}$

$$\omega_r / \omega_n = \sqrt{1 - 2\zeta^2} = \sqrt{\cos(2\alpha)} \qquad \omega_c / \omega_n = \sqrt{1 - 2\zeta^2 + \sqrt{2 - 4\zeta^2 + 4\zeta^4}}$$

En sistemas suficientemente parecidos a uno de segundo orden, como son muchos sistemas de control, existe una fuerte correlación entre los parámetros de respuesta a un escalón y los de respuesta en frecuencia. Pero téngase cuidado de distinguirlos bien, pues ni su forma de obtención ni sus valores numéricos coinciden.

En el apéndice **D** se dan tablas mixtas que permiten comparar índices de respuesta temporal y de respuesta en frecuencia. Se puede llegar a la conclusión de que, si el sistema de control es suficientemente parecido a uno de segundo orden, los parámetros de respuesta en frecuencia son buenos indicadores de la respuesta a un escalón, y en definitiva del amortiguamiento y la rapidez.

5.4 Trazado de gráficos asintóticos (o aproximados) de Bode

Como es sencillo obtener valores de amplitud y fase con ayuda de un ordenador o una calculadora, puede parecer que las técnicas gráficas que se esbozan en este apartado no tienen mucha utilidad. Sin embargo estas técnicas, que pueden dominarse con un poco de práctica, ofrecen la posibilidad de obtener una idea muy rápida de la forma de los gráficos, así como de la influencia de distintos términos del modelo en la zona de interés. Se ilustrarán mediante un ejemplo.

Ejemplo 5.1 Trazado de un gráfico aproximado de Bode

En primer lugar, debe suponerse que la función de transferencia está factorizada en términos simples, de primer y segundo orden. Esto es frecuente en la práctica, ya que sistemas complicados resultan a menudo de la composición de sistemas simples. *Es importante no multiplicar términos indebidamente, tirando a la basura una valiosa información*. Se supondrá también un formato en constantes de tiempo (véase **2.8**), cómodo para esta aplicación:

$$G(s) = \frac{20(1 + 2s)}{s(1 + 5s)(1 + 0{,}4s)}$$

En la *Tabla 5.3* se resume el trazado de términos individuales

Tabla 5.3 Gráficos de Bode simples aproximados por tramos rectos

Término	*A* dB	φ^o	
$\frac{k}{s}$	recta –20dB/década por $\omega = k$, 0dB	–90°	
$\frac{s}{k}$	recta +20dB/década por $\omega = k$, 0dB	90°	
$\frac{1}{1+\tau s}$	recta 0dB codo $1 / \tau$ recta -20dB/déc	recta 0° codo $1 / 10\tau$ recta –45°/déc codo $10 / \tau$ recta –90°	primer orden
$1 + \tau s$	Igual, cambiando: recta +20dB/déc	Igual, cambiando: recta +45°/déc recta +90°	(-) primer orden
$\frac{1}{1-\tau s}$	Como $\frac{1}{1+\tau s}$	Como $1 + \tau s$	
$1 - \tau s$	Como $1 + \tau s$	Como $\frac{1}{1+\tau s}$	

Los términos de segundo orden (con raíces complejas, no reducibles a dos de primer orden) son menos frecuentes; se ha descrito en **5.3** el gráfico asintótico; los errores pueden ser grandes en torno a ω_n, especialmente si hay una resonancia acusada. Pueden obtenerse puntos de corrección con los valores anteriormente indicados para ω_n y ω_r.

El gráfico de Bode de *G*(s) se deduce *sumando* los gráficos individuales, tanto en amplitud como en fase. Para ello se procede así:

Amplitud

a) Dibujar los términos $\frac{k}{s}$ (o $\frac{s}{k}$)

b) Comenzando por la izquierda, ir añadiendo la influencia de los términos de primer (o segundo) orden. Entrarán primero los de mayor τ (o menor ω_n), que cambian la pendiente a partir de $1/\tau\,(\omega_n)$

c) Para introducir términos constantes, simplemente modificar la escala.

Fase

Se procede de forma análoga, con las siguientes diferencias:

a) Los términos constantes no aportan fase. Los términos $\dfrac{k}{s}$ (o $\dfrac{s}{k}$) aportan una fase constante, que se introduce modificando la escala.

b) Los términos de primer orden cambian la pendiente a partir de $0{,}1/\tau$, y en sentido inverso (descontando la pendiente) a partir de $10/\tau$. Para facilitar la suma, en la *Figura 5.3* se han dibujado sobre los –90° aportados por la integración.

La *Figura 5.3* detalla la construcción de un gráfico de Bode aproximado por tramos rectos, indicado en línea continua gruesa. En línea discontinua se ha trazado el gráfico exacto. En línea fina van los términos individuales.

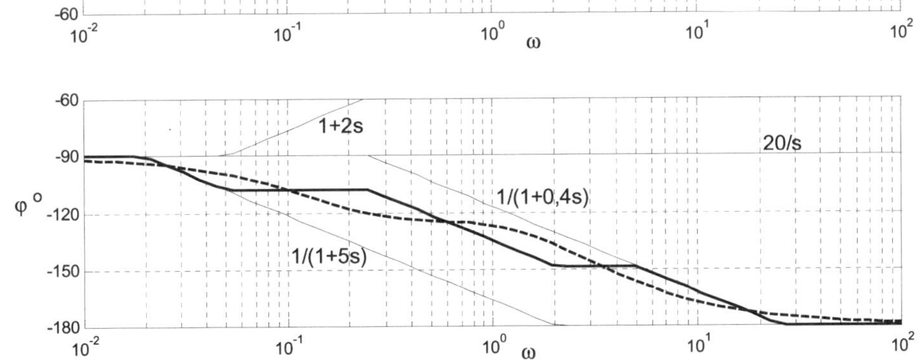

FIGURA 5.3 Gráfico de Bode y aproximación por rectas

5.5 Gráficos de Nyquist y Black

Pueden deducirse de los de Bode. La *Figura 5.4* recoge gráficos de Nyquist y Black del sistema de *primer orden* y de sistemas de *segundo orden* para distintos valores de ζ; falta la graduación en frecuencia, que puede deducirse de los gráficos de Bode.

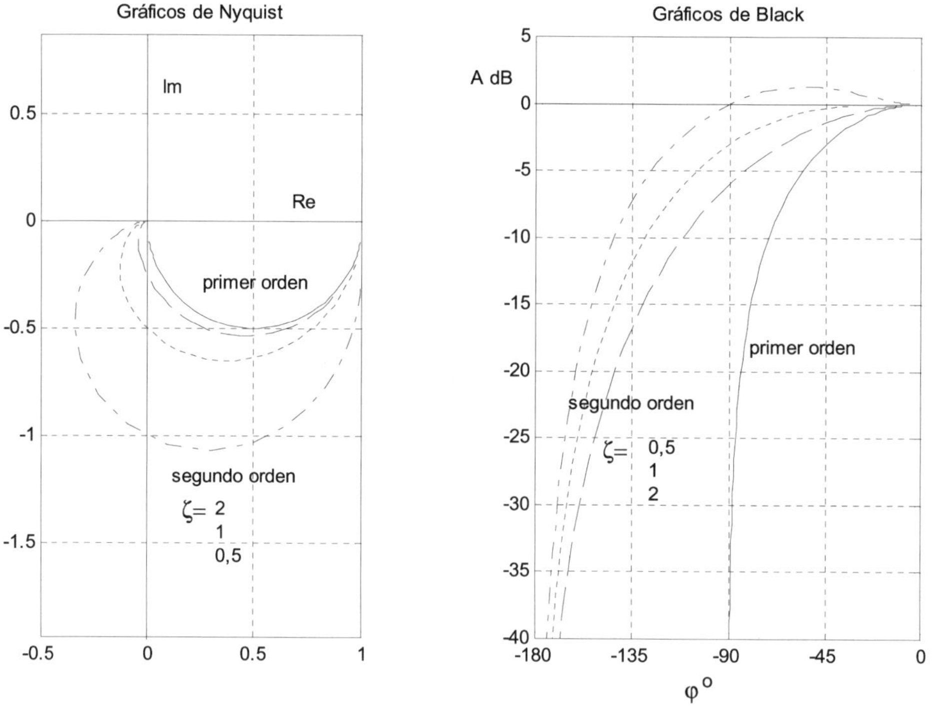

Figura 5.4 Gráficos de Nyquist y Black

Muchos gráficos de Nyquist son útiles para análisis cualitativos si se dibujan mal (aunque resulte paradójico) o exageradamente; a escala correcta son poco visibles. Los gráficos de Black son más cómodos para uso cuantitativo. Algunas reglas para situar ambos gráficos son:

Frecuencias bajas

La amplitud corresponde a la ganancia estática, con fase 0° si no hay integraciones $\frac{1}{s}$; si las hay, es $\infty = \infty$dB y la fase es –90° por cada integración.

Frecuencias altas

Si el orden del denominador es mayor que el del numerador, $n > m$, la amplitud es 0 o –∞dB. La fase es: $-90°(n-m)$, excepto si hay constantes de tiempo negativas, que tienen el signo de la fase cambiado.

PROBLEMAS

P5.1 Obtener las especificaciones de respuesta en frecuencia: M_r, ω_r, ω_c, de un sistema de *segundo orden* que tenga un sobrepaso del 10% y un tiempo de establecimiento de 0,5 en la respuesta a un escalón. Usar el apéndice **D**

P5.2 Diseñar, es decir, dar la función de transferencia $F(s)$ de tres filtros pasa-baja con ganancia estática 1, y amplitud 0,1 (–20 dB) a 300Hz. Comparar resultados. Se describen en los tres primeros apartados configuraciones de polos que definen filtros de Butterworth, «máximamente planos». No hay ceros.

a) Filtro de orden 1.
b) Filtro de orden 2, con $\zeta = 1/\sqrt{2}$
c) Filtro de orden 3: tres polos con el mismo módulo; dos de ellos complejos con $\zeta = 0{,}5$

Para los tres filtros:

d) Indicar la frecuencia donde se cortan las asíntotas.
e) Indicar la frecuencia de corte.
f) Indicar la amplitud y la fase a 50 Hz

P5.3 Para la planta $P(s) = \dfrac{1 - 0{,}2s}{10s(1 + 0{,}5s)(1 + 0{,}2s)}$

a) Hacer un boceto, usando la aproximación de tramos rectos, del gráfico de Bode. Indicar la pendiente de cada tramo.
b) Hacer un boceto cualitativo del gráfico de Nyquist.
c) Hacer un boceto del gráfico de Black.

P5.4 Dibujar bocetos de los gráficos de Bode y de Nyquist de los siguientes sistemas; todos los parámetros se suponen positivos.

a) $\dfrac{K}{s(1+Ts)}$ b) $\dfrac{K}{s(1+Ts)^2}$ c) $\dfrac{K}{(1+Ts)^3}$ d) $\dfrac{K}{s^2(1+Ts)}$ e) $\dfrac{K}{s^2}$

f) $\dfrac{K(1+as)}{s^2(1+bs)}$, para $b > a$ y $b < a$ g) $\dfrac{K}{s^3}$ h) $\dfrac{K(1+as)}{s^3}$ i) $\dfrac{K(1+as)(1+bs)}{s^3}$

P5.5 Estudiar gráficos de la respuesta en frecuencia de sistemas con retardos. Consúltese el apéndice **B**, pero no deben usarse aproximaciones.

$P(s) = e^{-5s}$:

a) Gráfico de Bode. Nótese la sencillez de la amplitud; pero que la escala logarítmica de ω juega una mala pasada con la fase. Obtener φ^o para ω = 0,01; 0,1; 1; 10.

b) Gráfico de Nyquist.

c) Gráfico de Black. Dar las pulsaciones correspondientes a 0°, –90°, –180°, –270°.

$$P(s) = \frac{e^{-5s}}{20s}:$$

d) Gráfico de Bode para ω = 0,01 a 1.

e) Boceto del gráfico de Nyquist.

f) Boceto del gráfico de Black. Dar las pulsaciones correspondientes a –90°, –180°, –270°, –360°.

$$P(s) = \frac{e^{-5s}}{1+20s}.$$

g) Hacer bocetos de los gráficos de Bode, Nyquist y Black, sobre los mismos dibujos de d), e), f).

6

ESTABILIDAD

En este capítulo se resumen y comparan distintas técnicas para analizar la estabilidad de un sistema realimentado de lazo abierto $G(s)$.

6.1 Introducción

En la *Figura 6.1* se representa la estructura analizada, que es muy general. Al no estar especificadas la entrada y la salida, no puede en rigor hablarse de estabilidad BIBO. Para ello es útil la siguiente definición.

Estabilidad interna

Un sistema es internamente estable si son estables BIBO todas y cada una de las funciones de transferencia que pueden definirse en su diagrama de bloques, con salida de un bloque y entrada sumada a la de cualquier bloque.

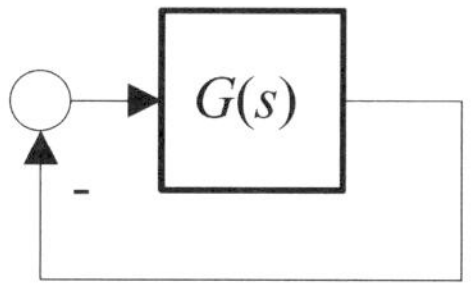

FIGURA 6.1 Estructura básica para análisis de estabilidad

En consecuencia, la estabilidad de interés viene determinada por las raíces de la ecuación característica $1+G(s)=0$

Todas las técnicas que se mencionarán permiten obtener las mismas conclusiones en cuanto a la estabilidad de un sistema; pero difieren grandemente en cuanto a comodidad de uso, informaciones suplementarias y posibilidades de estudiar la estabilidad en función de parámetros del sistema.

Estas técnicas son:

- Obtención de las raíces del polinomio característico, denominador del lazo cerrado $F(s)$.
- Análisis de los coeficientes del polinomio característico mediante el criterio de Routh-Hurwitz.
- Criterio de Nyquist, a partir de la respuesta en frecuencia $G(j\omega)$.
- Criterio del reverso, que es una aplicación simplificada del anterior.

Nótese que las dos últimas, aunque analizan la *estabilidad del lazo cerrado*, parten de *datos del lazo abierto*.

6.2 Criterio de las raíces

Un sistema es estable BIBO si todas las raíces del denominador de su función de transferencia tienen la parte real estrictamente negativa; salvo cancelaciones (sistemas de orden no mínimo; ver el capítulo **2**), éstas son las raíces de la ecuación característica $1 + G(s) = 0$.

James Clerk Maxwell fue el primero en describir este procedimiento, en un artículo sobre los reguladores de máquinas de vapor; puede verse el artículo original (1868) en **Thaler**.

Cuando se estudia la estabilidad en función de un parámetro η, el caso que marca el límite entre estabilidad e inestabilidad, para un valor η_u del parámetro, es frecuentemente (pero no siempre) un sistema oscilante, con raíces imaginarias puras $s = \pm j\omega_u$, donde ω_u es la pulsación de oscilación. Pueden plantearse ecuaciones para determinar el punto de oscilación. Sin embargo, si no se dispone de otras informaciones (a través de otros criterios), esto no da idea de si el sistema es estable o no para otros valores del parámetro.

6.3 Criterio de Routh-Hurwitz

Este criterio permite, a partir de los coeficientes del polinomio característico, determinar si todas sus raíces tienen la parte real estrictamente negativa, sin necesidad de hallarlas. La mayoría de los libros de texto dan una formulación en forma de tabla (ver por ejemplo **Nise**), cómoda para datos numéricos. Se dará aquí la formulación de Liénard-Chipart, que es más apropiada para estudios paramétricos; puede verse en **Dorato**.

Dado el polinomio característico normalizado $A(s)$ (nótese la diferencia de numeración de los coeficientes con la dada en el capítulo **2**):

$$A(s) = s^n + a_1 s^{n-1} + a_2 s^{n-2} + \ldots + a_{n-2} s^2 + a_{n-1} s + a_n$$

Formar los siguientes determinantes, de $i = 1$ a n:

$$\Delta_i = \det \begin{bmatrix} a_1 & a_3 & a_5 & a_7 & \ldots & \ldots \\ 1 & a_2 & a_4 & a_6 & \ldots & \ldots \\ 0 & a_1 & a_3 & a_5 & \ldots & \ldots \\ 0 & 1 & a_2 & a_4 & \ldots & \ldots \\ 0 & 0 & a_1 & a_3 & \ldots & \ldots \\ \ldots & \ldots & \ldots & \ldots & \ldots & a_i \end{bmatrix}$$

Es fácil observar la regla de formación. Téngase en cuenta que $a_0 = 1$, y póngase 0 en los términos de índice superior a n. Los determinantes de orden inferior están contenidos en los de orden superior.

Criterio general

Todas las raíces de $A(s)$ tienen la parte real estrictamente negativa si, y solamente si, los n determinantes son estrictamente positivos.

La existencia de algún determinante nulo coincide frecuentemente con la condición de oscilación, pero no siempre. Por otra parte, el valor de los determinantes no da idea de lo que le falta al sistema para ser inestable (margen de estabilidad); para ello hay que recurrir a estudios paramétricos.

Condición necesaria

Es condición necesaria de estabilidad, pero no suficiente en general, que todos los coeficientes sean estrictamente positivos.

Para $n \leq 2$, esta condición necesaria es también suficiente.

Criterio de Liénard-Chipart

Todas las raíces de $A(s)$ tienen la parte real estrictamente negativa si, y solamente si, se cumplen las dos condiciones:

a) $a_n, a_{n-2}, a_{n-4} \ldots > 0$

b) $\Delta_1, \Delta_3, \Delta_5 \ldots > 0$ o bien $\Delta_2, \Delta_4, \Delta_6 \ldots > 0$

Este criterio permite calcular menos determinantes. Suele ahorrar trabajo probar los determinantes impares si el orden del polinomio es par, y a la inversa.

Aplicaciones más usuales

$n = 1$ sistema estable si $a_1 > 0$
$n = 2$ sistema estable si $a_1, a_2 > 0$
$n = 3$ sistema estable si $a_1, a_3 > 0$ y $a_1 a_2 - a_3 > 0$

El criterio de Routh-Hurwitz es valioso para estudiar la estabilidad en función de uno o más parámetros. Sin embargo, típicamente las condiciones son un tanto artificiales, y requieren una elaboración posterior para obtener condiciones equivalentes, pero con interpretación más clara.

6.4 Criterio de Nyquist

Puede verse el artículo original (1932) en **Thaler**. Este criterio se basa en el principio del argumento (ver, por ejemplo, **Phillips**). Se enuncia a continuación el principio, y entre corchetes su aplicación al caso de la obtención de la estabilidad a partir del lazo abierto.

El número de ceros de una función de variable compleja [$1+ G(s)$] en una región del plano complejo [semiplano derecho] puede obtenerse investigando el comportamiento de dicha función solamente en el contorno de la región [eje imaginario, $s = j\omega$]. Nótese que ello equivale a obtener la respuesta en frecuencia del lazo abierto, relacionándola con la estabilidad del lazo cerrado.

Concretamente, el número de ceros es igual a la suma de polos de la función en la región [polos con parte real positiva de $G(s)$] más el número de rodeos en sentido horario sobre el origen que realiza la curva de la función para valores de s en el contorno de la región [equivalentemente, número de rodeos de $G(j\omega)$ sobre el valor -1].

Reglas de aplicación

a) Anotar el número P de polos de $G(s)$ con parte real positiva. Si hay polos con parte real nula, están en el contorno de la región, y el trazado de $G(j\omega)$ deberá evitarlos, como se indica en c).
b) Dibujar $G(j\omega)$ para $\omega = -\infty$ a $+\infty$. Para ello basta dibujar el gráfico de Nyquist habitual, para $\omega = 0$ a $+\infty$, y añadir su simétrico con respecto al eje real.

c) Las singularidades más frecuentes en el contorno de la región son un número h de integraciones, es decir, polos nulos de $G(s)$. El contorno de la región los evita mediante un pequeño semicírculo $\varepsilon e^{j\beta}$, para $\beta = -\pi/2$ a $+\pi/2$. Correspondientemente, $G(s)$ toma valores de módulo grande, y fase $\varphi = h\ \pi/2$ a $- h\ \pi/2$. Se completa por tanto el gráfico con h semicírculos de gran módulo, en el sentido horario, desde $\omega = 0^-$ a 0^+

d) Anotar el número R de rodeos horarios de la curva cerrada así obtenida, sobre el punto –1; atribuir signo negativo si son rodeos antihorarios.

e) El número N de raíces inestables de $1 + G(s)$ es:

$$N = P + R$$

Observaciones

1) Si el lazo abierto $G(s)$ es estable, o al menos no tiene polos con parte real positiva, la estabilidad del sistema en lazo cerrado requiere un número nulo de rodeos.

2) Si el lazo abierto $G(s)$ tiene P polos con parte real positiva, la estabilidad del lazo cerrado requiere $R = -P$ rodeos (por tanto, antihorarios).

3) En sistemas con varias realimentaciones, unas dentro de otras, se recomienda frecuentemente procurar la estabilidad de cada lazo; pero ello no es un requisito necesario para la estabilidad global. El motivo de esta recomendación es más bien garantizar la estabilidad en condiciones que abren lazos de control: averías, o saturación de variables de mando.

4) Si $G(j\omega)$ pasa por el punto –1 no pueden determinarse los rodeos; pero se sabe que el sistema tiene raíces imaginarias puras, y es, al menos, oscilante. En efecto, se cumple la condición de oscilación $G\ (j\omega_u) = -1$.

A veces se usan otros criterios que son en realidad simplificaciones del criterio de Nyquist, válidas solamente en determinadas condiciones.

Criterio de Barkhausen

Un sistema es estable si $\text{mod}[G(j\omega)] < 1$ para $\arg[G(j\omega)] = \pi$

Ejemplo 6.1 Un contraejemplo del criterio de Barkhausen.

El sistema de lazo abierto $G(s) = \dfrac{(s+6)^2}{s(s+1)^2}$ es estable. Pero $\text{mod}[G(j\omega)] = 4$ y $\arg[G(j\omega)] = \pi$ para $\omega = 2$. Ver el *Problema P6.4.*

§

Criterio del reverso

Un sistema en lazo cerrado es estable si, al recorrer el gráfico de Nyquist del lazo abierto en el sentido de las frecuencias crecientes, deja a la izquierda el punto –1. Para el gráfico de Black, se invierte la regla: debe quedar a la derecha el punto (0dB, 180°).

Esta aplicación simplificada del criterio de Nyquist es válida en la mayor parte de los casos prácticos, y más fiable que la anterior. Debe desconfiarse especialmente de ella si $G(s)$ tiene 3 o más integraciones, o polos con parte real positiva. Por otra parte, la condición *deja a la izquierda* no está bien establecida topológicamente.

Ejemplo 6.2 Un contraejemplo del criterio del reverso.

El sistema de lazo abierto $G(s) = \dfrac{K}{s(1-s)(1+s)}$ es inestable para $K > 0$.

Según el criterio del reverso, sería estable: comparar con $G(s) = \dfrac{K}{s}$

§

6.5 EJEMPLO DE APLICACIÓN

En este ejemplo se aplican los distintos criterios al mismo sistema. Se ilustrarán los siguientes puntos:

- Todos los criterios coinciden en cuanto a la estabilidad del sistema.
- Sin embargo, difieren en comodidad y en la obtención de otras informaciones interesantes.
- En casos sencillos como el del ejemplo, pueden usarse algunos trucos que amplían la capacidad de los criterios. Pero no son siempre generalizables a casos más complicados.

Estudiar la estabilidad del sistema de lazo abierto:

$$G(s) = \frac{K}{s(1+T_1 s)(1+T_2 s)}$$

Nótese bien, en primer lugar, que no se trata de estudiar la estabilidad de $G(s)$, que es directamente inestable (por tener un polo nulo), sino la del lazo cerrado obtenido por realimentación unitaria.

Criterio de las raíces

En primer lugar, debe obtenerse el denominador del lazo cerrado, o polinomio característico. En forma no normalizada:

$$D(s) = s(1+T_1 s)(1+T_2 s) + K = T_1 T_2 s^3 + (T_1 + T_2)s^2 + s + K$$

La obtención de las raíces aplicando la fórmula de las ecuaciones de tercer grado es algo complicada. El análisis numérico podría dar algún resultado, pero el esfuerzo sería intensivo con tres parámetros. Puede sin embargo plantearse a partir de la condición de oscilación (raíces $s = \pm j\omega_u$, tercera raíz $s = r$) un sistema no lineal de ecuaciones:

$$T_1 T_2 s^3 + (T_1 + T_2)s^2 + s + K_u = T_1 T_2 (s^2 + \omega_u^2)(s - r)$$

$$T_1 + T_2 = -T_1 T_2 r$$

$$1 = T_1 T_2 \omega_u^2$$

$$K_u = -T_1 T_2 \omega_u^2 r$$

Solución: $\omega_u = \dfrac{1}{\sqrt{T_1 T_2}}$ $\qquad$ $K_u = \dfrac{T_1 + T_2}{T_1 T_2} = -r$

Sin embargo, esta condición por sí sola no indica si el sistema es estable o no para otros valores de K.

Criterio de Routh-Hurwitz

Polinomio característico en forma normalizada:

$$A(s) = s^3 + \frac{T_1 + T_2}{T_1 T_2} s^2 + \frac{1}{T_1 T_2} s + \frac{K}{T_1 T_2}$$

La condición necesaria indica que todos los coeficientes deben ser positivos. Un poco de reflexión indica que de ello se deduce que todos los parámetros deben ser positivos: K, T_1, $T_2 > 0$. En realidad, el sistema es estable para T_1 o $T_2 = 0$; deben entonces analizarse polinomios de menor orden.

Para $n = 3$ ha de cumplirse: $a_1 a_2 - a_3 > 0$, que se reduce a:

$$K < \frac{T_1 + T_2}{T_1 T_2}$$

Es la condición de oscilación obtenida anteriormente, pero añadiendo que el sistema es estable para valores inferiores de K, e inestable para valores superiores. No se obtiene, en cambio, ω_u.

Criterio de Nyquist

Siguiendo las indicaciones de **6.4**, y teniendo en cuenta **5.5**, se traza un gráfico de Nyquist de $G(s)$. Se obtiene el simétrico con respecto al eje real, y se completa con un semicírculo horario.

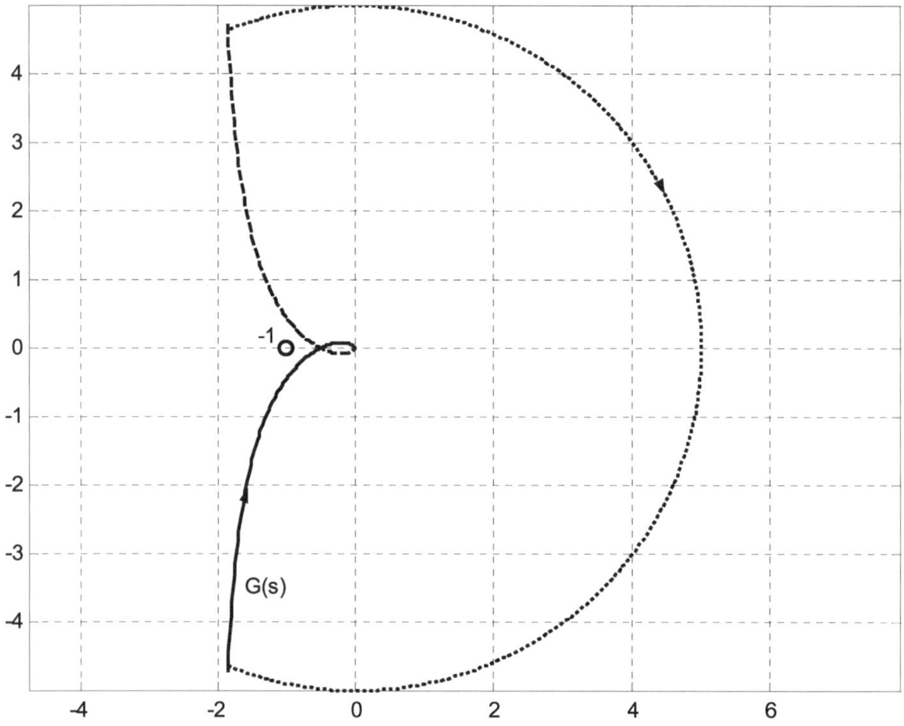

FIGURA 6.2 Gráfico de Nyquist

Para valores suficientemente elevados de K, el gráfico aumenta de tamaño, llegando a producir dos rodeos del punto –1 ; el sistema sería, por tanto, inestable. Los criterios de Barkhausen y del reverso dan en este caso la misma conclusión.

El sistema es oscilante cuando pasa por el punto –1; pueden establecerse las condiciones de fase y módulo:

$$\pi / 2 + \operatorname{arctg}(\omega_u T_1) + \operatorname{arctg}(\omega_u T_2) = \pi$$

$$\frac{K_u}{\omega_u \sqrt{\left(1 + (\omega_u T_1)^2\right)\left(1 + (\omega_u T_2)^2\right)}} = 1$$

En general no es recomendable buscar soluciones analíticas; pero este caso es suficientemente sencillo. De la primera ecuación se deduce ω_u en función de T_1 y T_2, y de esta solución y la segunda ecuación, el valor de K_u.

Definiendo: $\operatorname{tg} \varphi_1 = \omega_u T_1 \qquad \operatorname{tg} \varphi_2 = \omega_u T_2$

$$\operatorname{tg}(\varphi_1 + \varphi_2) = \frac{\operatorname{tg} \varphi_1 + \operatorname{tg} \varphi_2}{1 - \operatorname{tg} \varphi_1 \operatorname{tg} \varphi_2} = \frac{\omega_u T_1 + \omega_u T_2}{1 - \omega_u^2 T_1 T_2} = \operatorname{tg}(\pi / 2) \qquad 1 - \omega_u^2 T_1 T_2 = 0$$

Se obtienen finalmente las expresiones anteriores para ω_u y K_u.

PROBLEMAS

Todos los parámetros son positivos (K, T, etc. > 0) mientras no se indique lo contrario.

P6.1 Obtener la condición que deben cumplir los coeficientes de un polinomio de orden 4 para que todas las raíces tengan la parte real estrictamente negativa, suponiendo que todos los coeficientes son positivos.

P6.2 Aplicar la condición obtenida en *P6.1* para estudiar la estabilidad del sistema en lazo cerrado con lazo abierto $G(s) = \dfrac{K}{s(1 + T_1 s)(1 + T_2 s)(1 + T_3 s)}$

a) Determinar el valor máximo de K, en función de las constantes de tiempo T_i, para que el sistema sea estable.
b) Particularizar para el caso $T_1 = T_2 = T_3 = T$
c) Este último caso puede determinarse más sencillamente aplicando el criterio de Nyquist, obteniendo además la pulsación de oscilación. Determinar así ω_u y K_u.
d) Discutir la sencillez o dificultad de responder el apartado a) con el criterio de Nyquist.

P6.3 Mediante el criterio del reverso, analizar cualitativamente la estabilidad, en función de K, de los sistemas cuyo lazo abierto se indica; ver *P5.4*. Aplicar el criterio de Nyquist en los casos dudosos. Establecer condiciones de estabilidad para K (suponiendo fijados los otros parámetros), aplicando el criterio de Routh-Hurwitz en los casos en que sea más cómodo.

a) $\dfrac{K}{s(1+Ts)}$ b) $\dfrac{K}{s(1+Ts)^2}$ c) $\dfrac{K}{(1+Ts)^3}$ d) $\dfrac{K}{s^2(1+Ts)}$ e) $\dfrac{K}{s^2}$

f) $\dfrac{K(1+as)}{s^2(1+bs)}$, para $b>a$ y $b<a$ g) $\dfrac{K}{s^3}$ h) $\dfrac{K(1+as)}{s^3}$ i) $\dfrac{K(1+as)(1+bs)}{s^3}$

j) $\dfrac{K}{s(Ts-1)}$ k) $\dfrac{K(1+as)}{s(bs-1)}$ l) $\dfrac{K(1+as)}{s(1-bs)}$

P6.4 Estudiar más completamente el *Ejemplo 6.1*. Para el sistema de lazo abierto $G(s)=k\dfrac{(s+6)^2}{s(s+1)^2}$

a) Estudiar, mediante el criterio de Routh-Hurwitz, para qué valores de k resulta un sistema estable.
b) Hacer un boceto del gráfico de Nyquist; será útil trazar primero un gráfico de Bode aproximado, de acuerdo con el apartado **5.4**. Conclusiones cualitativas sobre la estabilidad. Obtener las pulsaciones de oscilación, y las ganancias de oscilación correspondientes.

P6.5 El sistema de la figura está inspirado en el siguiente problema real. Se construyó una fuente de tensión constante a partir de un generador de corriente continua autoexcitado; el sistema de control modulaba la excitación, pero ésta también dependía de la tensión de salida, con una realimentación positiva. El análisis a partir del criterio del reverso daba conclusiones erróneas.

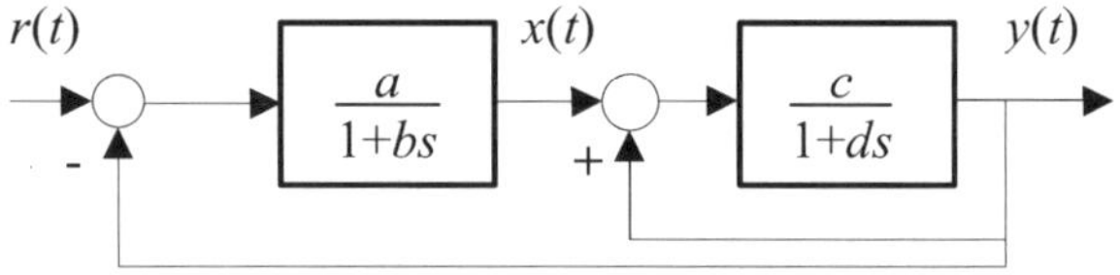

a) El lazo interior y/x tiene realimentación positiva. ¿Es por ello necesariamente inestable? Establecer las condiciones de estabilidad.
b) Demostrar que, si el lazo interior y/x es estable, el sistema total y/r lo es. Sugerir alguna modificación del sistema para que esto no sea ya cierto en general.
c) Establecer las condiciones de estabilidad del sistema total y/r, si el lazo interior y/x es inestable.
d) Discutir la estabilidad interna del sistema, suponiendo que el lazo interior y/x es inestable y el sistema total y/r es estable.

P6.6 Un oscilador electrónico *RC* está basado en tres etapas iguales de constante de tiempo $T = RC$ realimentadas con ganancia K: $G(s) = \dfrac{K}{(1+Ts)^3}$

a) Discutir por qué son necesarias tres etapas, y no basta con dos.
b) Obtener la frecuencia de oscilación en Hz para $T = 2$ ms.
c) Obtener la ganancia K de oscilación; observar que es independiente de T.

P6.7 Este problema estudia la estabilidad de un sistema con dos integraciones, que no puede ser estable con control proporcional ($D = 0$), y necesita un control proporcional más diferencial.

Sistema de lazo abierto $G(s) = \dfrac{K(1+Ds)}{s^2(1+as)(1+bs)}$

a) Usar el resultado de *P6.1* para establecer las condiciones de estabilidad que deben cumplir D y K, suponiendo conocidos a y b.
b) Demostrar que todos los parámetros a, b, K, D deben ser positivos.
c) Demostrar que D debe ser superior a $D_u = a + b$
d) Representar las anteriores condiciones en un gráfico: abcisas proporcionales a D, ordenadas proporcionales a K.
e) Interpretar los anteriores resultados mediante el criterio de Nyquist, realizando los bocetos correspondientes a:

$D < D_u$ $\quad\quad$ $D > D_u$, caso inestable y caso estable.

P6.8 Para el sistema de lazo abierto $G(s) = \dfrac{K(1+Ds)}{(1-5s)^2(1+s)}$

a) Establecer las condiciones de estabilidad, para valores positivos o negativos de K y D.
b) Representar las anteriores condiciones en un gráfico: abcisas D, ordenadas K.
c) Interpretar los anteriores resultados mediante el criterio de Nyquist, realizando los bocetos correspondientes a:

$D = 5 \quad D = 1 \quad D = -5 \quad D = -20$ con $K > 0$ y con $-1 < K < 0$

P6.9 Para el sistema de lazo abierto $G(s) = \dfrac{K(1+Ds)}{s(1+s+s^2)}$

a) Establecer las condiciones de estabilidad, para valores positivos o negativos de K y D.
b) Representar las anteriores condiciones en un gráfico: abcisas D, ordenadas K.

c) Interpretar los anteriores resultados mediante el criterio de Nyquist, realizando los bocetos correspondientes a:

$D = 2 \quad D = 0{,}5 \quad D = -1$

P6.10 El servomecanismo descrito en el apéndice **C** mueve una carga de inercia $J_L = 0{,}048$ kg.m^2 y rozamiento despreciable. Estudiar los límites de estabilidad de distintos modelos, en función de K_P; se tomará $K_D = 0$.

Límite de K_P para:

a) Modelo de segundo orden en el que se desprecian la constante de tiempo eléctrica y la del amplificador.

b) Modelo de tercer orden en el que se desprecia la constante de tiempo del amplificador.

c) Modelo de cuarto orden.

7

TÉCNICAS BASADAS EN LA RESPUESTA EN FRECUENCIA DEL LAZO ABIERTO

En este capítulo se completan las técnicas de análisis por respuesta en frecuencia vistas en los capítulos **5** y **6**, y se comienzan las técnicas de diseño que se desarrollarán en el capítulo **8**.

En el capítulo **6** se ha estudiado el criterio de estabilidad de Nyquist, basado en la respuesta en frecuencia del lazo abierto $G(s)$. Este criterio, además de determinar si un sistema es estable o no, permite establecer medidas de la distancia al punto –1, que se traducen en medidas de robustez de la estabilidad y en medidas del amortiguamiento.

En el capítulo **5** se introdujeron algunas especificaciones, como el pico de resonancia M_r, basadas en la respuesta en frecuencia del *lazo cerrado*, $F(s)$. Se verá que M_r es una medida global de la distancia al punto crítico –1.

En el capítulo **3** se introdujo el concepto de sensibilidad $S(s)$. También la máxima sensibilidad M_s es una medida global de la distancia al punto crítico.

Para análisis, y especialmente para diseño, es conveniente relacionar las anteriores medidas con la respuesta en frecuencia del *lazo abierto*, $G(s)$. Para ello se establecen contornos en el gráfico de Black.

Se revisan especificaciones de amortiguamiento y rapidez, insistiendo en la correlación entre la respuesta temporal y la respuesta en frecuencia.

Por último, se presenta una técnica básica en todo diseño: el ajuste de una ganancia del lazo abierto para un amortiguamiento especificado.

Nota: La escritura de las fases presenta cierta ambigüedad ($-2\pi/3 = 4\pi/3$) o ($-120° = +240°$); en las fórmulas se supondrá que se usan valores negativos, como $-\pi$ o $-180°$.

7.1 Robustez de la estabilidad

El criterio de estabilidad de Nyquist y el criterio del reverso (versión simplificada válida en la mayoría de casos) están basados en la respuesta en frecuencia del *lazo abierto* $G(s)$. Es claro que si $G(s)$ pasa "cerca" del punto –1, aun siendo el modelo nominal estable, variaciones del mismo (producidas por defectos del modelado o porque el sistema varía con las condiciones de funcionamiento) pueden hacer que el sistema sea inestable. En general, se requiere en un diseño correcto que esto no suceda. No hay una sola medida de distancia al punto –1 universalmente aceptada y válida en todos los casos, por lo que se establecen diferentes medidas, que también difieren en comodidad de aplicación, sobre todo en el diseño. Se describen a continuación dos medidas parciales, pero frecuentemente usadas por su comodidad, y dos medidas globales.

7.1.1 Margen de ganancia A_m

Se supone el caso habitual de que el sistema es inestable para ganancias grandes. El margen de ganancia es el factor (ganancia, o amplitud) por el que habría que multiplicar el lazo abierto para obtener un sistema oscilante. Si K es la ganancia del lazo abierto, y K_u la ganancia que da oscilación,

$$A_m = \frac{K_u}{K} > 1$$

Aumentar ganancia equivale a trazar una curva homotética (igual forma, mayor tamaño) en Nyquist, o trasladar verticalmente la curva (hacia arriba) en Black (sumando los dB). Si se usa este ultimo procedimiento, es más cómodo usar A_m dB. Puede medirse el margen de ganancia sobre la curva primitiva, sin efectuar de hecho las modificaciones, notando el punto de fase –180°, ya que la fase no se altera. La pulsación correspondiente, ω_u, es la <u>pulsación de oscilación</u>, ya mencionada anteriormente. Analíticamente:

$$\arg[G(j\omega_u)] = -\pi \qquad\qquad A_m = \frac{1}{\mathrm{mod}[G(j\omega_u)]}$$

El margen de ganancia es el más cómodo de obtener por distintos procedimientos: criterio de las raíces, criterio de Routh-Hurwitz, respuesta en frecuencia, lugar de las raíces... También, de manera práctica, sobre un montaje del sistema de control, mediante un amplificador ajustable. Pero en muchos casos da una medida muy parcial de la distancia a la inestabilidad. Se suele exigir un valor mínimo de 2 (6dB); pero son frecuentes valores muy superiores.

7.1.2 Margen de fase ϕ_m

El margen de fase es el retraso de fase que habría que añadir al lazo abierto para obtener un sistema oscilante.

Retrasar la fase equivale a rotar la curva (sentido horario) en Nyquist, o trasladar horizontalmente la curva (hacia la izquierda) en Black. Puede medirse el margen de fase sobre la curva primitiva, sin efectuar de hecho las modificaciones, notando el punto de módulo 1, ya que el módulo no se altera. La pulsación correspondiente, ω_0, es la pulsación de cruce (no confundir con la pulsación de corte). Analíticamente:

$$\text{mod}[G(j\omega_0)] = 1 \qquad \phi_m = \pi + \arg[G(j\omega_0)]$$

Valores recomendados son de 45° a 60°. Aunque es también una medida parcial de la distancia al punto crítico, el margen de fase es muchas veces más fiable que el margen de ganancia; nótese que este último no puede emplearse en sistemas de *segundo orden*. Una excepción importante son los sistemas con retardos significativos, que presentan un gráfico de Black relativamente horizontal; por ello, además de su facilidad de obtención práctica, el margen de ganancia es muy usado en control de procesos, donde son frecuentes los retardos.

7.1.3 Dos medidas globales de la distancia al punto crítico

El margen de ganancia mide la distancia de $G(s)$ al punto crítico solamente para fase de –180°; el margen de fase, para amplitud 1 (0 dB). Se presentan ahora dos medidas que aumentan (son medidas inversas) al aproximarse $G(s)$ al punto crítico por cualquier fase o amplitud. Están basadas, respectivamente, en la amplitud del lazo cerrado $F(s)$ (suponiendo realimentación unitaria; más estrictamente, la sensibilidad complementaria) y de la sensibilidad $S(s)$.

$$F(s) = \frac{G(s)}{1+G(s)} \qquad S(s) = \frac{1}{1+G(s)}$$

$$A_F = \text{mod}[F(s)] = \frac{\text{mod}[G(s)]}{\text{mod}[1+G(s)]} \qquad A_S = \text{mod}[S(s)] = \frac{1}{\text{mod}[1+G(s)]}$$

En efecto, ambas son inversamente proporcionales a mod[1 + $G(s)$], que es estrictamente la distancia euclidiana de cada punto de $G(s)$ al punto –1 en el gráfico de Nyquist. Para obtener medidas globales, se toma el valor máximo en todas las frecuencias (mínima "distancia") para definir el pico de resonancia M_r y la máxima sensibilidad M_s

$$M_r = \max[A_F]/F(0) \qquad\qquad M_s = \max[A_s]$$

La definición de M_r se dio ya en el capítulo **4**; incluye una normalización (división por la ganancia estática del lazo cerrado) con la que se obtiene una medida mejor del amortiguamiento si $F(0)$ es muy distinta de 1; aunque entonces se emborrona el concepto de "distancia". Si, como es frecuente, $F(0)$ es 1 o próxima (error de seguimiento al escalón pequeño), la normalización no es muy notoria. Valores recomendados son de 1,4 a 2,3 dB para M_r y de 2,3 a 6 dB para M_s. Las pulsaciones en las que se producen los máximos son ω_r, pulsación de resonancia, y ω_s.

Contornos de amplitud constante

Para profundizar en la idea de distancia al punto crítico, y con utilidad en diseños, pueden trazarse contornos en el diagrama de Black que, en función de la amplitud y fase del lazo abierto $G(s)$ den la amplitud del lazo cerrado $F(s)$ (suponiendo realimentación unitaria) o de la sensibilidad $S(s)$.

Antes de la extensión del uso de de los ordenadores, eran especialmente útiles estas curvas para obtener, en cualquier análisis, características del lazo cerrado, dibujando solamente el lazo abierto. El llamado ábaco de Nichols da la amplitud y la fase del lazo cerrado para cada punto de $G(s)$, el el gráfico de Black. También pueden desarrollarse en el gráfico de Nyquist, que da una geometría sencilla (los contornos son circunferencias), pero es mucho más incómodo de manejar que el de Black.

Se desarrolla ahora la ecuación de un contorno de amplitud de lazo cerrado A_F constante: la amplitud A_G de lazo abierto en función de la fase φ_G de lazo abierto para una amplitud de lazo cerrado determinada. Todo ello para cada frecuencia concreta, aunque no es necesario conocerla.

$$F(s) = \frac{G(s)}{1+G(s)} \qquad\qquad G(s) = A_G e^{j\varphi_G}$$

$$A_F = \text{mod}[F(s)] = \frac{A_G}{\text{mod}[1 + A_G(\cos\varphi_G + j\,\text{sen}\,\varphi_G)]}$$

$$A_F^2 = \frac{A_G^2}{1 + A_G^2 + 2A_G\cos\varphi_G} = \frac{1}{(1/A_G)^2 + 2(1/A_G)\cos\varphi_G + 1}$$

Se obtiene una ecuación de segundo grado en ($1/A_G$), con soluciones:

$$1/A_G = -\cos\varphi_G \pm \sqrt{\cos^2\varphi_G - 1 + (1/A_F)^2}$$

Pueden deducirse fácilmente las siguientes propiedades de los contornos de A_F constante:

- Son simétricos con respecto a –180°.
- Para $A_F > 1$ son curvas cerradas en torno al punto crítico –1 (0 dB, –180°); son más pequeñas cuanto mayor es A_F. En efecto, para un determinado φ_G hay dos soluciones reales, confundidas si el discriminante es nulo, o no hay solución real si el contorno no alcanza esa fase.
- Para $A_F \leq 1$ son curvas abiertas. En efecto, para un determinado φ_G hay siempre una única solución positiva.

Los contornos de A_S constante se obtienen de análoga forma, con la curiosidad de que, en el gráfico de Black, son simétricos a los anteriores con respecto a 0 dB. En el gráfico de Nyquist son circunferencias concéntricas.

La *Figura 7.1* presenta estos contornos en el gráfico de Black, para los valores recomendados anteriormente. En la cuadrícula normal se dibuja el lazo abierto G(s); el dibujo debe ser exterior al contorno para cumplir la especificación.

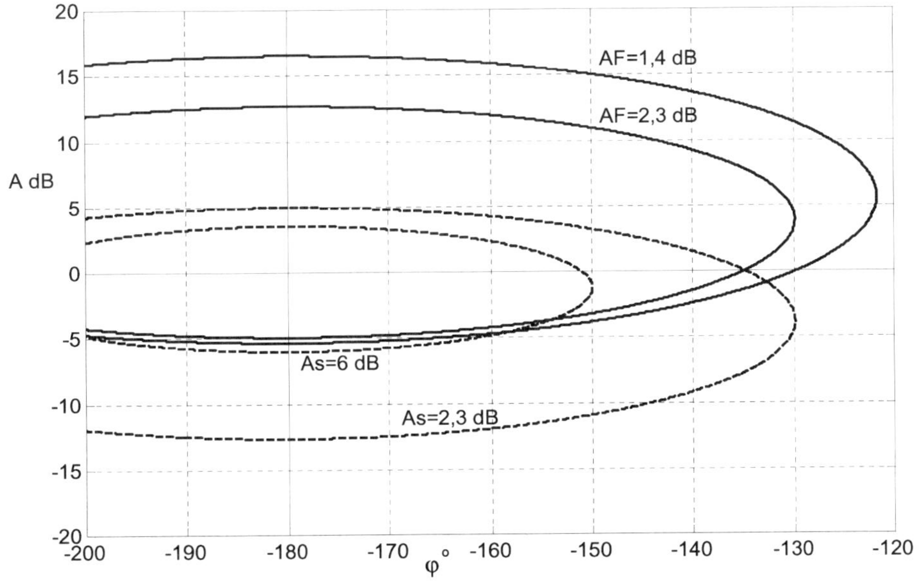

FIGURA 7.1 Algunos contornos de A_F y A_S constantes en el gráfico de Black

- (3) tiene un amortiguamiento correcto. No es posible apreciar la resonancia, aunque tiene algo de sobrepaso, $M_p = 5\%$.
- (4) tiene un amortiguamiento algo excesivo, que repercute negativamente en su rapidez a corto plazo. Puede ser un diseño correcto si no se permite sobrepaso.
- Índices de rapidez de (2): $\omega_r = 0{,}7$, $\omega_c = 1{,}5$, $t_a = 2{,}5$, $t_p = 3{,}8$, $t_s = 5{,}5$.
- (5) es el doble de rápido: dobles pulsaciones y mitades de tiempos.
- La mayor lentitud a corto plazo de (3) y (4), claramente indicada por los superiores tiempos de alcance, se corresponde con valores inferiores de ω_c. No puede usarse ω_r, ya que la resonancia no existe o no es visible.
- (3) y (4) tienen una rapidez a largo plazo similar a la de (2). Esto sólo se ve claramente en la respuesta a escalón.

§

7.4 Ajuste de una ganancia del lazo abierto

Frecuentemente, el lazo abierto puede descomponerse en una función de transferencia conocida $P(s)$ y una ganancia K que debe ajustarse para obtener un amortiguamiento especificado (mediante el margen de ganancia, el de fase, o el pico de resonancia). El caso típico corresponde a una planta $P(s)$ y un control proporcional $K_P = K$, pero esta situación encuentra también otras aplicaciones.

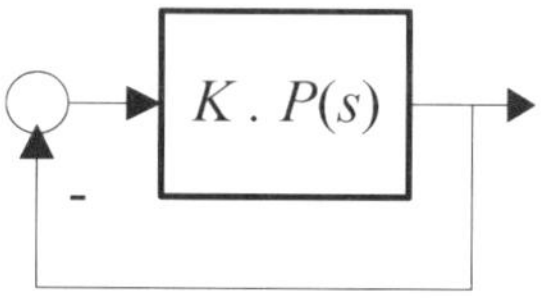

Figura 7.6 Lazo abierto $G(s) = K \cdot P(s)$

La variación de K implica traslaciones verticales de la curva en el gráfico de Black, aunque no es preciso realizarlas físicamente, como se indica en la *Figura 7.7*, que presenta el ajuste de un margen de fase especificado de 50°. El valor necesario de esta ganancia es K = 10dB = 3,2 y el valor del margen de ganancia es A_m = 14dB = 5. Nótese la diferencia con la *Figura 7.2*, donde se planteaba un problema de análisis, no de diseño: el nuevo eje de 0 dB está indicado en la línea de puntos.

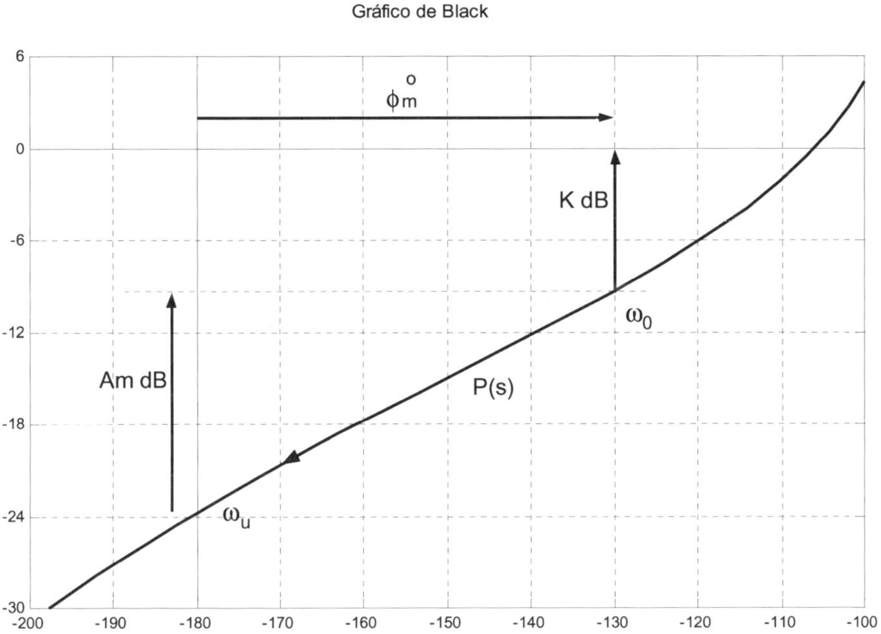

FIGURA 7.7 Ajuste de una ganancia para un margen de fase especificado

El ajuste de un margen de ganancia deseado es igual de sencillo; pero el ajuste de un pico de resonancia o máxima sensibilidad especificados requiere trasladar verticalmente el *contorno* correspondiente en el gráfico de Black hasta obtener la tangencia. También pueden aplicarse similares ideas usando gráficos de Nyquist (poco manejables). El gráfico de Bode requiere algo más de práctica para pasar con agilidad de amplitudes a fases y al contrario; no permite el uso de los contornos.

Por último, debe indicarse que no es especialmente raro que la curva deba trasladarse hacia abajo (o el eje hacia arriba); entonces K toma un valor negativo en dB (< 1 en valor natural). El siguiente ejemplo ilustra un caso así.

Ejemplo 7.3 Varios análisis y ajustes a partir de la siguiente tabla redondeada de la respuesta en frecuencia de la planta $P(s)$. Cuando sea necesario, se interpolará aproximadamente en la tabla.

ω	A_P dB	φ_P°
3,6	8,5	–120,5
4	7,4	–124
4,5	6,3	–128
5	5,2	–132
5,5	4,2	–136
6	3,3	–140
6,5	2,4	–144
7	1,6	–148
7,5	0,8	–151,5
8	0	–155,5
8,5	–0,8	–159
9	–1,5	–162,5
10	–2,9	–169,5
11	–4,3	–176,5
12	–5,6	–183
13	–6,9	–189
14	–8,1	–195

Análisis para K = 1

El módulo de lazo abierto = 0dB da $\omega_0 = 8$, $\phi_m = 180° - 155{,}5° = 24{,}5°$
La fase de lazo abierto = –180° da $\omega_u = 11{,}5$, $A_m = 5$ dB = 1,8
El amortiguamiento es escaso.

Ajuste y análisis para ϕ_m = 45°

La fase de lazo abierto = –180° + 45° = –135° da $\omega_0 = 5{,}4$. Para que este punto tenga 0dB, $K = -4{,}4$ dB = 0,60

La pulsación de oscilación no varía con K:

$\omega_u = 11{,}5$, $A_m = 5$ dB + 4,4 dB = 9,4 dB = 3,0. Coincide con $A_m = 1{,}8/0{,}60 = 3{,}0$

Ajuste y análisis para A_m **= 12 dB = 4**

ω_u = 11,5, K = 5 dB – 12 dB = –7 dB = 0,45. Coincide con K = 1,8/4 = 0,45

La pulsación de cruce varía con K. Con este valor, el punto de 7dB de $P(s)$ es el que quedará finalmente a 0dB en $G(s)$. ω_0 = 4,2, ϕ_m = 180° – 125,5° = 54,5°

Otro análisis para ϕ_m **= 45°**

Para el valor obtenido anteriormente, K = –4,4 dB, y para cada pulsación, la amplitud de $G(s)$ es la de $G(s)$ –4,4 dB; la fase es la misma. Puede usarse una tabla para tantear los máximos módulos de $F(s)$ y de $S(s)$, usando las fórmulas de **7.1.3**. La única operación algo complicada es obtener:

$$A_{1+G} = 1 / A_S = \text{mod}[1 + G(s)]$$

ω	A_G dB	$\varphi_G{}^{o}$	A_{1+G} dB	A_F dB
5	0,8	–132	–1,3	2,1
5,5	–0,2	–136	–2,6	2,4
6	–1,1	–140	–3,70	2,60
6,5	–2	–144	–4,61	2,61
7	–2,8	–148	–5,3	2,5
7,5	–3,6	–151,5	–5,6	
8	–4,4	–155,5	–5,7	
8,5	–5,2	–159	–5,6	

Por tanto se tiene, dentro de la resolución de la tabla:

max[A_F] = 2,6 dB, M_s = 5,7 dB con ω_r = 6,5, ω_s = 8. Para obtener M_r es necesario conocer $F(0)$.

§

PROBLEMAS

P7.1 Para una frecuencia determinada, la amplitud y la fase del lazo abierto son: –3 dB, –135°

a) Obtener la amplitud y la fase de la sensibilidad, en dB y °.
b) Obtener la amplitud y la fase del lazo cerrado, en dB y °.

P7.2 Las medidas globales de robustez de la estabilidad garantizan un mínimo para las medidas parciales, ya que $G(s)$ no puede entrar dentro de los contornos.

a) Dar el margen de fase mínimo garantizado por un valor conocido de $\max[A_F]$, y el garantizado por un valor conocido de M_s.
b) Particularizar a) para $\max[A_F] = 2{,}3$ dB y para $M_s = 2{,}3$ dB; dar ϕ_m°
c) Dar el margen de ganancia mínimo garantizado por un valor conocido de $\max[A_F]$, y el garantizado por un valor conocido de M_s.
d) Particularizar c) para $\max[A_F] = 2{,}3$ dB y para $M_s = 2{,}3$ dB; dar A_m dB
e) Suponiendo que $F(s)$ es un sistema de *segundo orden*, comprobar b) y d). Explicar los parecidos y las diferencias.

P7.3** Para los dos sistemas del *Ejemplo 7.1*, estudiar si $F(s)$ se parece a un sistema de *segundo orden*, y qué medidas reflejan mejor la correlación entre respuesta temporal y respuesta en frecuencia.

a) Obtener la respuesta a un escalón, y las especificaciones M_p, t_a, t_s.
b) Obtener las necesarias respuestas en frecuencia, y las especificaciones M_r, M_s, ϕ_m, A_m, ω_r, ω_c, ω_s, ω_0, ω_u.
c) Estimar M_p a partir de medidas de amortiguamiento de respuesta en frecuencia. Indicar las que estiman mejor.
d) Estimar t_a a partir de la medida de amortiguamiento mejor de b), y distintas medidas de rapidez de respuesta en frecuencia. Indicar las que estiman mejor.
e) Estimar t_s a partir de la medida de amortiguamiento mejor de b), y distintas medidas de rapidez de respuesta en frecuencia. Indicar las que estiman mejor.

P7.4 Se desea un sistema en lazo cerrado con un sobrepaso del 15% y un tiempo de establecimiento de 5ms en la respuesta a un escalón. Suponiendo que se parece suficientemente a uno de *segundo orden*,

a) Estimar el tiempo de alcance en la respuesta a un escalón.
b) Deducir el margen de fase en grados y la pulsación de cruce.
c) Deducir el pico de resonancia y la pulsación de resonancia.

P7.5 Se representa a continuación el gráfico de Bode de la planta:

$$P(s)=\frac{2}{(1+50s)(1+2s)(1+s)}$$

Sobre el gráfico indicado, sin usar la expresión analítica de $P(s)$:

a) Ajustar la ganancia de un control proporcional para obtener un margen de fase de 60°. Indicar la pulsación de cruce.

b) Para el ajuste anterior, deducir el margen de ganancia en dB y la pulsación de oscilación.

Usando estrictamente lo necesario de la expresión analítica de $P(s)$:

c) Obtener la precisión de seguimiento del sistema de control.

d) Tantear para obtener la pulsación de resonancia. Dar el pico de resonancia.

e) Estimar las especificaciones de respuesta a un escalón del sistema de control.

Usando la expresión analítica de $P(s)$:

f) ** Comprobar los apartados anteriores. Discutir los resultados.

P7.6* Véase *P4.5*. Considérense los tres sistemas:

$$F_1(s)=\frac{1}{1+s+s^2} \qquad F_2(s)=\frac{1+5s}{1+4s}\frac{1}{1+s+s^2} \qquad F_3(s)=\frac{1+5s}{1+6s}\frac{1}{1+s+s^2}$$

a) Obtener las respuestas a un escalón y las especificaciones M_p, t_a, t_s.
b) Obtener las respuestas en frecuencia y las especificaciones M_r, ω_r, ω_c.
c) Obtener las respuestas en frecuencia de $G(s)$ y las especificaciones ϕ_m, A_m, ω_0, ω_u.
d) Obtener las especificaciones M_s, ω_s.

Se desean obtener las especificaciones de a) a partir de las de b), c) o d), suponiendo que el sistema se parece suficientemente a uno de *segundo orden*,
e) Medidas de amortiguamiento que estiman mejor el sobrepaso, M_p
f) Medidas de rapidez que estiman mejor la rapidez a corto plazo, t_a
g) Medidas de rapidez que estiman mejor la rapidez a largo plazo, t_s

P7.7 Se considera el control de la planta $P(s) = \dfrac{1 - 0{,}1s}{5s(1 + 0{,}1s)^2}$

a) Obtener expresiones analíticas para el módulo y la fase de $P(j\omega)$. Hacer bocetos de los gráficos de Bode y de Black.
b) Ajustar un control proporcional, para un margen de fase $\phi_m = 45°$. Obtener el margen de ganancia correspondiente, y las pulsaciones asociadas a ambos márgenes.

P7.8 Se representa a continuación el gráfico de Black de la planta:

$$P(s) = \frac{5e^{-2s}}{s(1+s)}$$

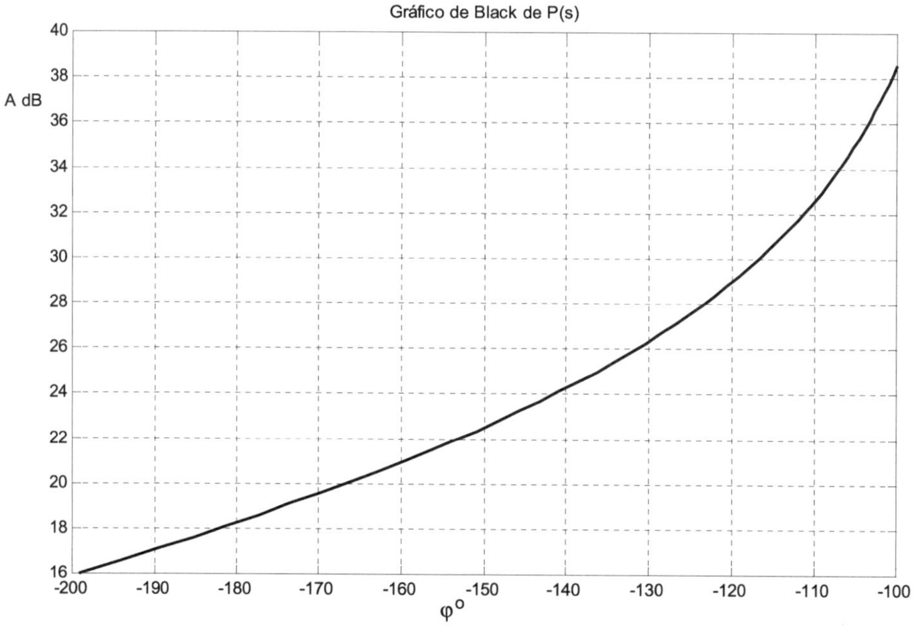

Sobre el gráfico indicado, sin usar la expresión analítica de $P(s)$:

a) Ajustar la ganancia de un control proporcional para obtener un margen de ganancia de 10 dB.
b) Para el ajuste anterior, deducir el margen de fase.
Usando estrictamente lo necesario de la expresión analítica de $P(s)$:
c) Obtener la precisión de seguimiento del sistema de control.
d) Tantear para obtener el pico de resonancia.
Usando la expresión analítica de $P(s)$:
e) ** Comprobar los apartados anteriores. Obtener las pulsaciones correspondientes. Discutir los resultados.

P7.9 El ejemplo del capítulo **1** y el problema *P1.1* se basan en el modelo de planta $P(s) = e^{-\rho s}$. Estudiar y confirmar los resultados para control P y control I, en función del parámetro ρ. Téngase en cuenta que la respuesta en frecuencia y el criterio de estabilidad de Nyquist son también aplicables a funciones de transferencia trascendentes.

Con control proporcional, $G(s) = K_P\, P(s)$:

a) Determinar K_{Pu} y ω_u. Interpretar el significado de los valores múltiples de esta última.
b) Ajustar K_P para tener $A_m = 2 = 6\text{dB}$. Discutir ω_0 y ϕ_m

Con control puramente integral, $G(s) = \dfrac{1}{Is} P(s)$:

c) Ajustar I para tener $\phi_m = 60°$. Determinar ω_0, ω_u y A_m

P7.10 Este problema introduce las técnicas del capítulo **8**. En el sistema de la figura, se consideran distintos controles de la misma planta

$$P(s) = \frac{1}{10s(1+2s)^2}$$

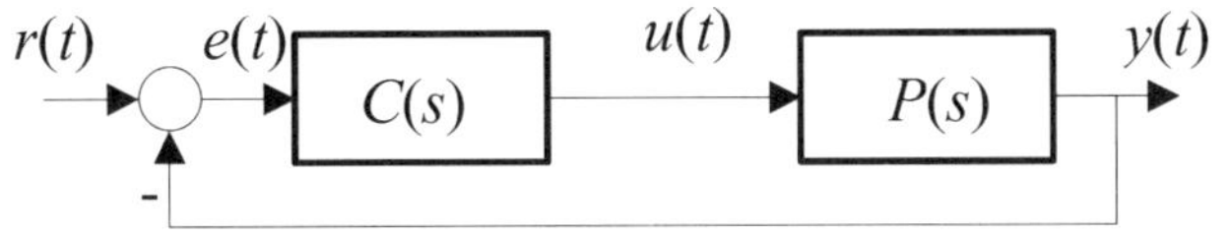

En todos ellos se desea similar amortiguamiento, $\phi_m = 45°$; se comparará su rapidez usando ω_0. En cada caso, hacer un boceto del gráfico de Black, plantear las ecuaciones analíticas que conducen a la situación deseada, y obtener los parámetros del control, la precisión y la rapidez.

a) Control proporcional, P: $C(s) = K_P$. Obtener ω_0, ω_u y A_m
b) Control proporcional + integral, PI:

$$C(s) = K_P \frac{1+Is}{Is}$$, para rapidez 90% de la de a)

c) Control proporcional + diferencial, PD:
$C(s) = K_P\,(1 + Ds)$, para rapidez doble de la de a)
d) Un control proporcional + integral + diferencial, PID:

$C(s) = K_P \dfrac{1+Is}{Is}(1+Ds)$, para rapidez como en c). Hay muchas soluciones; elegir $I = D$.

8

DISEÑO DE CONTROLES POR RESPUESTA EN FRECUENCIA

En este capítulo se presenta un método completo de diseño de los controles más usuales, basado en técnicas de respuesta en frecuencia. Se comparan los efectos típicos de los distintos controles en la precisión y la rapidez del sistema en lazo cerrado obtenido, para igual amortiguamiento.

Los procedimientos de diseño son gráficos en su origen; pero son también susceptibles de un tratamiento analítico, que presenta la ventaja de ofrecer una visión muy completa de lo que es posible conseguir con los distintos controles, y el inconveniente de que, en algunos casos, puede dar sorpresas, pues se basa en un único punto de la respuesta en frecuencia. Por ello, debe emplearse solamente como una primera aproximación al diseño, que después se comprobará de distintas maneras.

Los métodos de respuesta en frecuencia presentados se basan en la suposición de que el lazo cerrado se parece suficientemente a un sistema de *segundo orden*. Si no es ese el caso, puede ser preferible emplear otras técnicas, como el lugar de las raíces. Se harán notar algunas peculiaridades de los controles integrales, no demasiado aparentes a través de parámetros de respuesta en frecuencia.

8.1 Planteamiento

Como punto de partida, debe conocerse un modelo del sistema controlado, o planta. Se supondrá que consiste en una función de transferencia $P(s)$. En la *Figura 8.1* se recuerda el esquema básico, añadiendo una perturbación introducida en el mismo punto que el mando: esto permite concretar algunos análisis, pero no debe interpretarse como una restricción de los métodos.

Pocos modelos son perfectos; basta con que reflejen el comportamiento de la planta en la zona de frecuencias de interés. Los métodos que se expondrán permiten variaciones relativamente significativas de la planta, por lo que son calificados de razonablemente robustos.

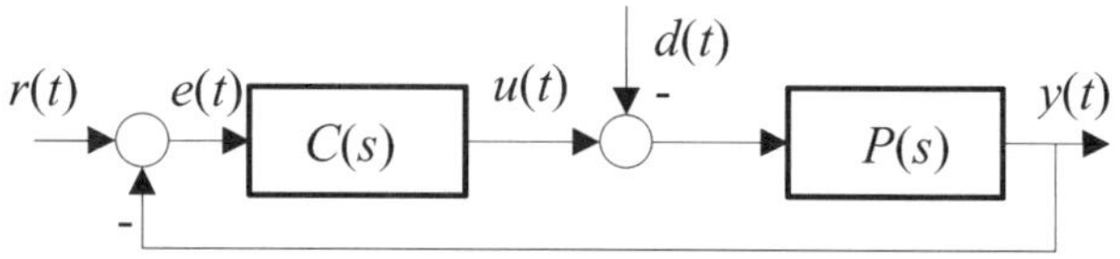

FIGURA 8.1 Estructura del sistema de control

El objetivo es diseñar un <u>control</u> (también llamado <u>compensación</u>) de función de transferencia $C(s)$, para cumplir ciertas especificaciones. Ver en el apéndice **D** un resumen de especificaciones, sus definiciones y tablas para obtener unas a partir de otras si se supone que el sistema en lazo cerrado se parece suficientemente a uno de *segundo orden* subamortiguado.

Especificaciones de respuesta en frecuencia que se usarán

- Estabilidad: criterio del reverso.
- Amortiguamiento: ϕ_m, A_m, M_r, M_s. Especialmente los dos primeros. Los dos últimos son más complicados de manejar; puede hacerse por tanteo sobre un contorno de A_F o A_S constante.
- Rapidez: ω_0, ω_u, ω_r, ω_s, pulsaciones ligadas a la especificación de amortiguamiento; especialmente las dos primeras. También ω_c
- Precisión (en régimen permanente): Depende del número de integraciones, punto de incidencia de perturbaciones (se excluyen de la siguiente discusión perturbaciones que actúen antes del control, como los errores de medida), ganancias, como se explica en el capítulo **3**. Teniendo en cuenta que $P(s)$ está fijada, la precisión quedará determinada por la ganancia del control $K_P = C(0)$ si éste no tiene integraciones. Es decir, conseguir K_P tres veces mayor significa dividir los errores que hubiera por tres (esto puede no ser exacto si $i = h = 0$). Cuando se usa control integral, la precisión aumenta cualitativamente: se eliminan los errores que hubiera, y se hacen finitos los errores infinitos, siendo inversamente proporcionales a $K_I = [sC(s)]_{s=0}$

Debe tenerse presente que, en la práctica, estas especificaciones suelen tener considerable holgura, o incluso el propio diseñador puede definirlas o modificarlas, teniendo en cuenta los límites establecidos por la propia planta.

Robustez

P(*s*) es un modelo nominal; puede no ser muy preciso por falta de información y de medios para obtenerla, y también la planta puede variar con las condiciones de funcionamiento del sistema. A pesar de ello, el comportamiento del lazo cerrado debe seguir siendo adecuado. Las especificaciones de amortiguamiento garantizan en la mayoría de los casos la robustez de la estabilidad; pero puede ser necesario, después del diseño, analizar los efectos de variaciones en el modelo de la planta (usando técnicas de sensibilidad como la vista en el capítulo **3**, o simulación; véase un ejemplo en *PB.3*).

8.2 Enfoque gráfico

Se supone, para concretar, que se desea un amortiguamiento especificado por el margen de fase ϕ_m. El control proporcional P, $C(s) = K_P$, puede permitir el ajuste del mismo mediante la ganancia K_P, como se ha visto en el capítulo **7**.

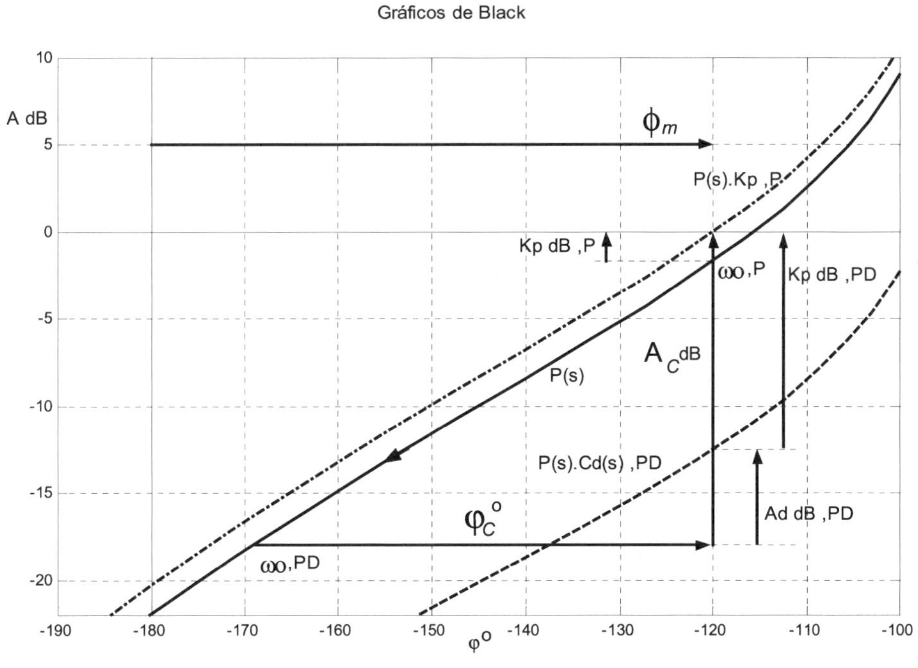

Figura 8.2 Ajuste de controles P y PD

Ver en la *Figura 8.2*: $P(s)$, la ganancia K_P dB necesaria para ajustar ϕ_m, y el lazo abierto obtenido $G(s) = K_P P(s)$. Al emplear el único parámetro del control en ajustar ϕ_m, la precisión (determinada por K_P) y la rapidez (medida por ω_0) quedan fijadas.

Se introduce ahora un control más elaborado, $C(s) = K_P C_d(s)$. El objeto de $C_d(s)$ es modificar la curva, a $C_d(s)P(s)$, de forma que pueda aumentarse la precisión, la rapidez o ambas. La nueva curva se obtiene sumando, para cada frecuencia, las amplitudes en dB y las fases en grados de $C_d(s)$, a las de $P(s)$.

En la *Figura 8.2* se indica el efecto de introducir un control PD, o adelanto de fase ($C_d(s)$ tiene fase positiva), de manera que la pulsación de cruce ω_0 es ahora más elevada que con el control P, obteniéndose un aumento de la rapidez. Además, y aun descontando la amplitud A_d (> 1, o > 0 dB) de $C_d(s)$, se necesita un mayor valor de K_P para ajustar el margen de fase especificado, por lo que también aumenta la precisión.

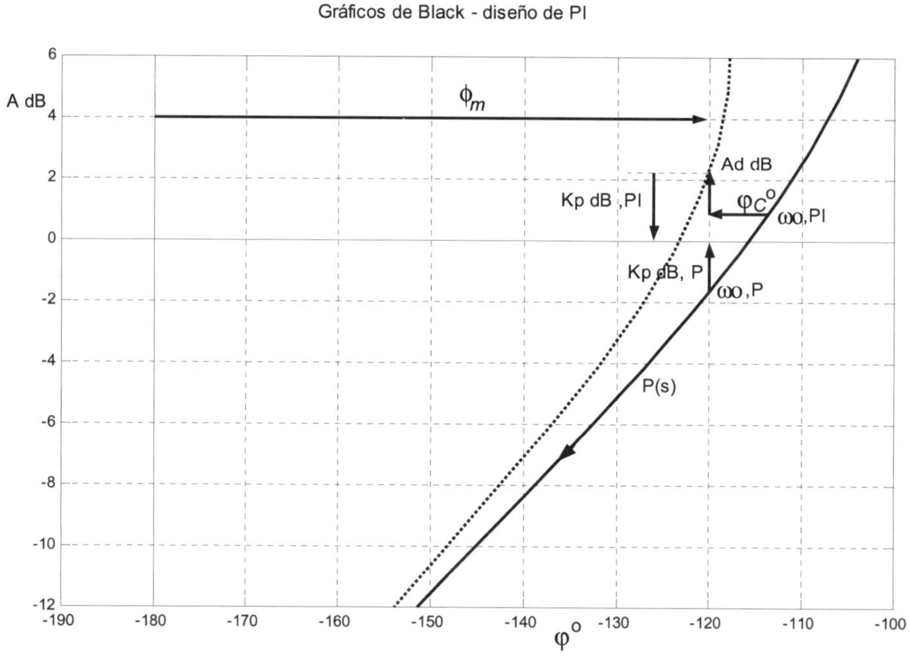

FIGURA 8.3 Ajuste de control PI

En la *Figura 8.3* se indica el efecto de introducir un control PI, de manera que la pulsación de cruce ω_0 es ahora algo inferior a la obtenida con el control P, con lo que la rapidez disminuye. Pero $C_d(s)$ contiene una integración, por lo que la precisión aumenta cualitativamente. Se muestra el nuevo ajuste de K_P, que en la figura resulta < 1 (< 0 dB). En esta figura se ha exagerado el valor de A_d dB para que pueda verse.

El control PI es un caso límite del mal llamado *retraso de fase*. En éste, $C_d(s)$ reduce la amplitud en la zona de ω_0, pero dejando ganancia estática = 1, de manera que K_P puede elevarse considerablemente; la precisión aumenta cuantitativamente. Muy usado en el pasado por limitaciones tecnológicas (puede construirse con una simple red RC), en diseños nuevos no parece justificado su uso, salvo que se presenten las mismas limitaciones.

Controles prácticos

Una función de transferencia sencilla, compuesta por un cero y un polo, puede producir uno cualquiera de los efectos indicados anteriormente.

$$C(s) = K_P C_d(s) = K \frac{1 + T_1 s}{1 + T_2 s}$$

Para ello deberán diseñarse correctamente los parámetros T_1, T_2.

Si $T_1 > T_2$, predomina el cero sobre el polo, y la fase es positiva (control PD o adelanto de fase).

Si $T_1 < T_2$, a frecuencias altas la amplitud es T_1/T_2 (reducción de amplitud, mal llamada retraso de fase).

El control PI es un caso límite del anterior, con $K = T_2 = \infty; K_P = K \frac{T_1}{T_2}$

En cada caso, debe diseñarse T_1 para que el efecto deseado sea el *principal* en la zona de frecuencias de interés; pero aparece un efecto perjudicial, *secundario*: un aumento de amplitud al adelantar la fase, y un retraso de fase al reducir la amplitud. Este efecto debe limitarse en un diseño adecuado. A continuación se estudia la respuesta en frecuencia de $C_d(s)$ para los dos casos básicos; se reformulan sus parámetros para mayor comodidad en el diseño.

Control PI $\quad C(s) = K_P \frac{1 + Is}{Is} \quad K_I = \frac{K_P}{I}$

La *Figura 8.4* indica la amplitud A_d dB de $C_d(s) = \frac{1 + Is}{Is}$, y la fase $\varphi_C{}^\circ$ de $C(s)$ y $C_d(s)$, en función de la pulsación normalizada ωI. La primera resulta positiva (a causa de la reformulación de la función de transferencia para evitar infinitos), y la segunda negativa. Ambas se suman, para ω_0 (y las demás frecuencias) a la curva de $P(s)$, y serían efectos secundarios perjudiciales (el efecto principal es la integración que eleva el *tipo* del sistema, capítulo **3**). Un buen diseño limita estos efectos: puede observarse que $\omega_0 I \cong 5$ produce poca variación de fase y menos de amplitud, por lo que $C_d(s)P(s)$ es similar a $P(s)$ a partir de esa zona de frecuencia. Aumentando I, todavía disminuyen más, tendiendo a obtenerse igual ω_0 y K_P que con el control proporcional; pero esto tiene otras consecuencias no deseadas que se analizarán posteriormente.

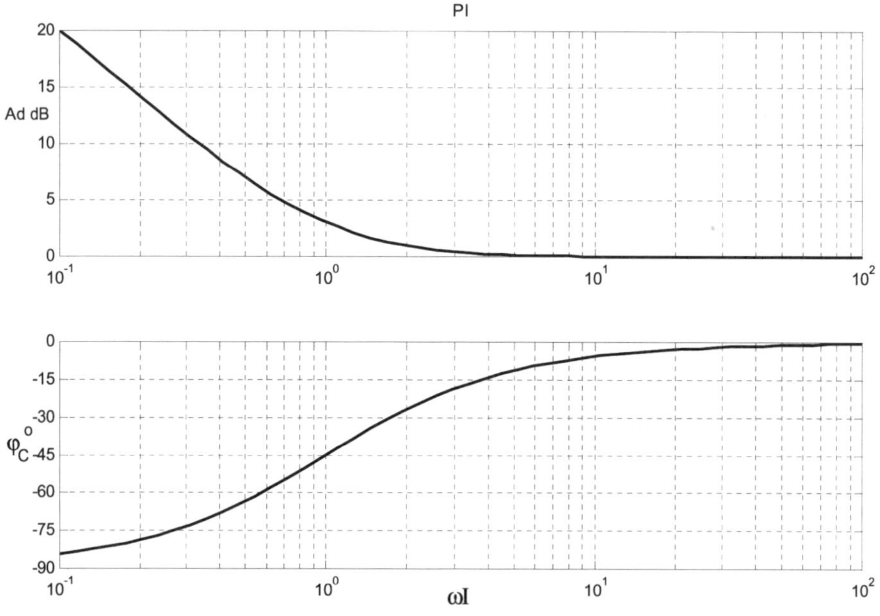

FIGURA 8.4 Gráfico de Bode de un control PI : $C_d(s)$

<u>Control PD</u> $$C(s) = K_P \frac{1+Ds}{1+fDs}; 0 \le f < 1$$

La *Figura 8.5* indica la amplitud A_d dB de $C_d(s) = \dfrac{1+Ds}{1+fDs}$, y la fase $\varphi_C{}^{o}$ de $C(s)$ y $C_d(s)$, en función de la pulsación normalizada ωD. Ambas son positivas, lo cual es bueno en la fase y perjudicial en la amplitud.

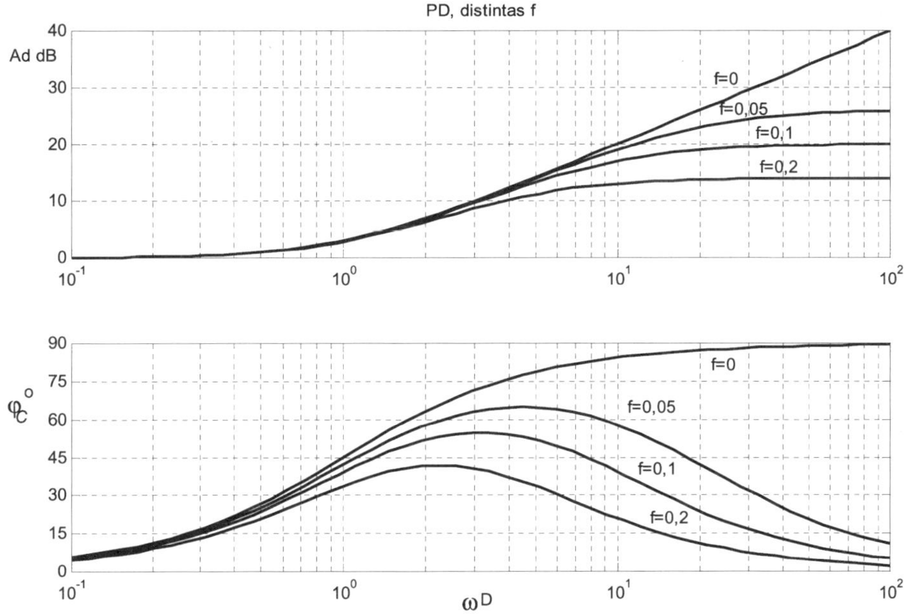

FIGURA 8.5 Gráfico de Bode de un de un control PD: $C_d(s)$

La curva de fases es simétrica en torno a la pulsación central ω_M (media geométrica de las de corte de cero y polo). A partir del adelanto deseado, puede seleccionarse un valor de f capaz de darlo, y la curva correspondiente da el valor de ωD. Hay dos soluciones; en principio es preferible diseñar en la zona izquierda, ya que a igual efecto principal de adelanto de fase corresponde menor efecto secundario de aumento de amplitud. Pueden deducirse las siguientes relaciones para el punto de máxima fase:

$$\omega_M D = \frac{1}{\sqrt{f}} \qquad \varphi_{CM} = \arcsen\frac{1-f}{1+f} \qquad A_{dM} = \frac{1}{\sqrt{f}}$$

El adelanto de fase φ_{CM} es mayor cuando f es bajo. Por otra parte, la amplitud a altas frecuencias es $1/f$; esto hace que el control sea más sensible a ruidos de alta frecuencia, por lo que no suele convenir tomar valores muy bajos de f; $f = 0$ se excluye en la práctica.

Comparando con el control proporcional, el adelanto de fase produce un aumento en la rapidez. La precisión típicamente aumentará, si el efecto secundario no es excesivo. En todo caso, aumenta menos que si éste no se tiene en cuenta.

8.3 Diseño analítico

Este método de diseño se basa en las ideas expuestas anteriormente; simplemente se sustituyen los gráficos de las *Figuras 8.4* y *8.5* por un tratamiento analítico. Solamente necesita datos de un punto de la curva de respuesta en frecuencia $C(j\omega).P(j\omega)$, por lo que puede ser usado como enfoque preliminar, pero requiere la posterior comprobación del resto de las frecuencias significativas, ya que ni siquiera garantiza la estabilidad del sistema resultante. Por otra parte, es fácilmente automatizable, y sirve muy bien para valorar las posibilidades de los distintos controles, así como las opciones de diseño.

1) Condición de margen de estabilidad

Dados $P(s)$, *Margen*, ω, se obtiene el módulo A_C y la fase φ_C del control para obtener *Margen* a esa pulsación ω.

Margen de fase y ω_0: $$A_C e^{j\varphi_C} \cdot P(j\omega) = 1 \cdot e^{j(-\pi+\phi_m)}$$

Margen de ganancia y ω_u: $$A_C e^{j\varphi_C} \cdot P(j\omega) = \frac{1}{A_m} \cdot e^{-j\pi}$$

Puede también emplearse iterativamente para diseñar por pico de resonancia o por máxima sensibilidad, buscando el punto de tangencia con el contorno correspondiente; nótese que basta con obtener el *contorno* especificado. Puede hacerse manualmente, pero un programa de ordenador con buena interfaz gráfica y un uso adecuado de las escalas ayuda mucho.

2) Obtención de los parámetros del regulador

Dada la forma parametrizada del regulador $C(s)$, es necesario ahora obtener los parámetros para que $C(s)$ tenga el módulo y la fase necesarios a la frecuencia especificada:

$$C(j\omega) = A_C\, e^{j\varphi_C}$$

Esta ecuación compleja impone dos condiciones. Puede suceder que haya varias soluciones: habrá grados de libertad que el diseñador debe imponer con cierto juicio. Puede también suceder que, después de las elecciones del diseñador, o incluso independientemente de ellas, no haya solución apropiada. La visión gráfica de **8.2** ayuda mucho a juzgar estas situaciones. Analíticamente, debe rechazarse toda solución que implique parámetros complejos (obviamente) o negativos (algo más largo de explicar).

Se recorrerán ahora las distintas formas clásicas de reguladores P, PI, PD, PID, y se obtendrán fórmulas apropiadas para obtener los parámetros en función de ω, A_C , φ_C.

Control Proporcional, P

$$C(s) = K_P$$

Como es puramente estático, no permite adelanto ni retraso de fase; $\varphi_C = 0$. Permite especificar solamente el amortiguamiento. Una vez elegido, resultan en principio 0 grados de libertad. La rapidez viene fijada; ha de buscarse la pulsación ω para $\varphi_C = 0$. También la precisión queda fijada:

$$K_P = A_C$$

Con plantas menos habituales (2 integraciones y otros casos), pueden darse algunas anomalías. Puede haber dos soluciones con la fase especificada; suele elegirse la que da mayor precisión y rapidez. Puede no existir solución: el sistema es inestable o tiene poco amortiguamiento para cualquier valor de K_P; debe usarse entonces un control PD.

Control Proporcional más Integral, PI

$$C(s) = K_P \frac{1 + Is}{Is}$$

Esta función de transferencia impone una fase negativa (*Figura 8.4*): $-\pi/2 < \varphi_C < 0$. Incremento *cualitativo* de la precisión, determinada ahora por $K_I = K_P/I$. Permite fijar el amortiguamiento, y rapidez algo menor que la de P. Una vez elegida ω, en principio y salvo anomalías como las indicadas para P hay 0 grados de libertad.

Usando la relación básica: $K_P \dfrac{1 + \omega Ij}{\omega Ij} = A_C e^{j\varphi_C}$

se obtiene, igualando las fases: $\omega I = \dfrac{-1}{\operatorname{tg} \varphi_C}$

e igualando los módulos: $K_P = A_C \cos\varphi_C$

puede también obtenerse: $K_I = -\omega A_C \operatorname{sen}\varphi_C$

Elección de ω: algo más baja que la de P, para acomodar el retraso de fase. Recomendaciones frecuentes:

$$\omega I \cong 5;\ \varphi_C \cong -10^\circ \qquad\qquad \omega I \cong 10\ ;\ \varphi_C \cong -5^\circ$$

Nótese en primer lugar que la segunda recomendación implica un valor de I doble que el de la primera; parece claro que este parámetro no es excesivamente crítico. Parecería ventajoso tomar valores todavía más elevados, para reducir los efectos secundarios: esto funciona bien en algunos casos (plantas con 1 integración, respuesta a escalón en referencia), pero el alto valor de I hace que el regulador reaccione muy tarde para rechazar las perturbaciones. En sucesivos apartados se discutirá este tema, así como un posible diseño óptimo.

Nótese también que, para los usuales valores bajos de φ_C, la pulsación ω y la ganancia K_P son cercanas (algo más bajas) a las del control proporcional.

Control Proporcional más Diferencial, PD

$$C(s) = K_P \frac{1 + Ds}{1 + fDs}; \quad 0 \le f < 1$$

También conocido como adelanto de fase. Esta función de transferencia impone una fase positiva (*Figura 8.5*): $\pi/2 > \varphi_C > 0$. Permite fijar el amortiguamiento, y rapidez mayor que la de P. Suele dar K_P mayor que P (incremento *cuantitativo* de la precisión). Una vez elegida ω, como hay tres parámetros para cumplir dos ecuaciones, hay en principio 1 grado de libertad. Suele emplearse en fijar el filtrado f; valor típico $f = 0{,}1$

Usando la relación básica: $K_P \dfrac{1 + \omega Dj}{1 + f\omega Dj} = A_C e^{j\varphi_C}$

se obtiene, igualando las fases: $\operatorname{arctg}(\omega D) - \operatorname{arctg}(f\omega D) = \varphi_C$

Usando la expresión de la tangente la suma de dos ángulos se llega a una ecuación de 2º grado en ωD. La *Figura 8.5* aclara que esta ecuación puede no tener solución real si $f > f_M$, o dos soluciones reales. Si se elige la solución menor para obtener mayor K_P:

$$\omega D = \frac{1/f - 1}{2\operatorname{tg}\varphi_C} - \sqrt{\left(\frac{1/f - 1}{2\operatorname{tg}\varphi_C}\right)^2 - 1/f}$$

Finalmente, se ajustan los módulos para obtener $K_P = A_C \dfrac{\sqrt{1 + (f\omega D)^2}}{\sqrt{1 + (\omega D)^2}}$

<u>PD "ideal"</u> $f = 0$

$$C(s) = K_P\,(1 + Ds)$$

No es recomendable ni frecuente su uso, por tener excesiva ganancia a ruidos de alta frecuencia; recuérdese que el módulo de la respuesta de $C(s)$ para $\omega = \infty$ es K_P/f. Permite la mayor K_P para una ω dada (tiene el menor efecto secundario para un adelanto de fase dado), por lo que es útil como referencia. Es más fácil volver a la relación básica que particularizar las anteriores expresiones para obtener:

$$\omega D = \operatorname{tg}\varphi_C \qquad\qquad K_P = A_C \cos\varphi_C$$

Máximo filtrado $f = f_M$

Igualmente es útil como referencia; puede usarse si hay problemas excesivos de ruido, pero quizá tampoco se consiga mucho: en la práctica es frecuente simplemente desconectar la acción diferencial. Se trataría de diseñar en el pico de adelanto de fase de la *Figura 8.5*; ver las fórmulas dadas en **8.2**. La ecuación de 2° grado tiene dos soluciones iguales para

$$f_M = \frac{1 - \operatorname{sen} \varphi_C}{1 + \operatorname{sen} \varphi_C}$$

$$\omega D = \frac{1}{\sqrt{f_M}} = \operatorname{tg} \varphi_C + \frac{1}{\cos \varphi_C} \qquad K_P = A_C \sqrt{f_M} = \frac{A_C \cos \varphi_C}{1 + \operatorname{sen} \varphi_C}$$

Nótese que se dan dos formulaciones. La primera formulación es más compacta; la segunda permite comparar con la solución para $f = 0$, y observar que D resultará mayor, y K_P menor, pero mayor que la mitad. La horizontalidad de la curva de fase en esta zona, cuando la de A_d tiene máxima pendiente, implica que se gana poco en efecto principal y se pierde mucho en efecto secundario, por lo que no es demasiado recomendable este diseño.

La solución general es intermedia: $0 < f < f_M$. Puede demostrarse que también los valores de D y K_P son intermedios. Por tanto, la elección de f implica un compromiso entre la precisión y el efecto de ruidos de alta frecuencia. Si no se tiene información sobre éstos, suele elegirse un valor redondo intermedio.

Control Proporcional más Integral más Diferencial, PID

$$C(s) = K_P \frac{1 + Is}{Is} \frac{1 + Ds}{1 + fDs}$$

Puede observarse que se define aquí como producto de los anteriores controles (formulación interactiva; ver el apéndice **F**). Reúne las ventajas del PI y el PD: permite fijar el amortiguamiento, incremento cualitativo de la precisión ($K_I = K_P/I$) por el PI , rapidez mayor que la de P por el PD.

Una vez elegida ω, como hay 4 parámetros resultan en principio 2 grados de libertad. Puede seleccionarse el retraso de fase del PI, $\varphi_{PI} < 0$ y el filtrado f. La aplicación de la relación básica de fases y módulos da:

$$\omega I = \frac{-1}{\operatorname{tg} \varphi_{PI}}$$

PD debe compensar el retraso de PI: $\varphi_{PD} = \varphi_C - \varphi_{PI}$
Se elige $f : f_M\,(\varphi PD) \geq f > 0$.

Se obtiene D como en PD, con φ_{PD} en lugar de φ_C
Finalmente, se ajustan los módulos para obtener:

$$K_P = A_C \frac{\omega I}{\sqrt{1+(\omega I)^2}} \frac{\sqrt{1+(f\omega D)^2}}{\sqrt{1+(\omega D)^2}} = A_C \cos\varphi_{PI} \frac{\sqrt{1+(f\omega D)^2}}{\sqrt{1+(\omega D)^2}}$$

8.4 Ejemplos de diseño

En este apartado (y el siguiente) se considera una planta sencilla que permite ilustrar muchos resultados típicos (pero no generalizables a todas las plantas). Se realizarán diseños típicos de cada uno de los controles, completándolos con un análisis de otras especificaciones de respuesta en frecuencia y de las respuestas a escalones en referencia y perturbación. Todos los diseños de estos ejemplos (y el siguiente apartado) se basan en la misma planta y el mismo margen de fase; la pulsación de cruce indicará la rapidez.

$$P(s) = \frac{1}{s(1+0{,}4s)(1+0{,}1s)} \qquad \phi_m = 60^\circ \qquad \omega = \omega_0$$

La *Tabla 8.1* da la respuesta en frecuencia de la planta (formato de gráfico de Black). Los valores están redondeados, por lo que no se hará caso de pequeñas discrepancias con los diseños, que usan mayor precisión.

Tabla 8.1 Respuesta en frecuencia de $P(s)$

ω	A_P dB	φ_P°
0,5	5,8	–104
0,74	2,2	–111
0,9	0,4	–115
1,1	–1,6	–120
5,5	4,2	–136
2	–8,3	–140
3,3	–15,2	–161
3,9	–17,8	–169
5	–21,9	–180
8	–30,7	–201
10	–35,3	–211

A continuación se presentan diseños de los cuatro tipos. Por sencillez, y porque también es práctica industrial, la *Tabla 8.2* da los parámetros como casos particulares de un PID. Se indican el módulo y la fase del control, así como los retrasos y adelantos de fase. Las especificaciones y elecciones de cada diseño van resaltadas. Compruébense las cifras con las fórmulas anteriores

$$C(s) = K_P \frac{1+Is}{Is} \frac{1+Ds}{1+fDs}$$

Tabla 8.2 Diseños de $C(s)$

$\phi_m = 60°$	ω_0	A_C	$\varphi_C°$	K_P	I	D	f	K_I	$\varphi_{PI}°$	$\varphi_{PD}°$
P	1,1	1,21	0,03	1,21	∞	0	1	0	-	-
PI	0,74	0,774	–9,3	0,764	8,27	0	1	0,092	–9,3	-
PD	3,9	7,76	48,6	4,21	∞	0,404	0,1	0	-	48,6
PID	3,3	5,75	41,1	2,74	1,72	0,560	0,1	1,60	–10	51,1

La *Figura 8.6* recoge los gráficos de Black del lazo abierto $G(s) = C(s)P(s)$. Obsérvese que coinciden los márgenes de fase, base de los diseños. Los márgenes de ganancia son algo distintos, aunque todos suficientes. La curvatura hacia el eje (–180°) de los controles con acción integral hace que aumenten los picos de resonancia en éstos: las curvas se acercan por arriba al punto crítico; recuérdense los contornos de **7.1.3**

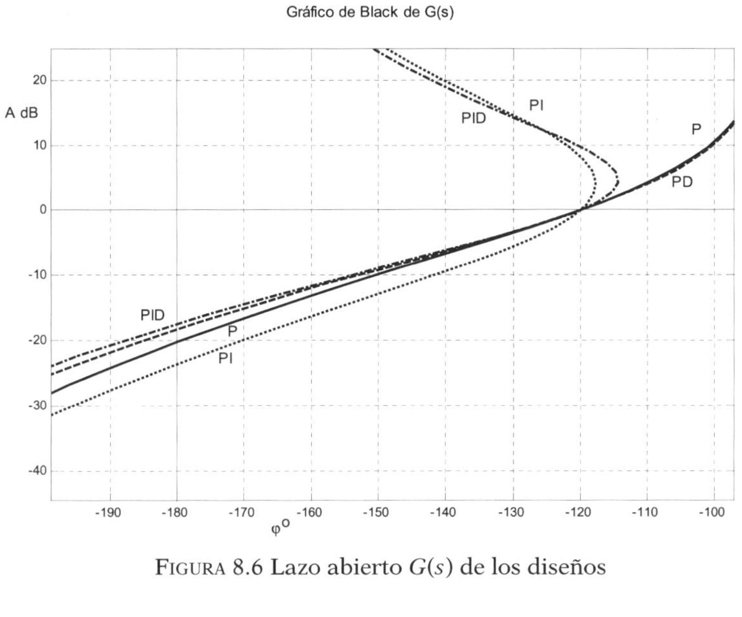

FIGURA 8.6 Lazo abierto $G(s)$ de los diseños

La *Tabla 8.3* presenta un análisis de especificaciones de respuesta en frecuencia de los anteriores diseños; ver en la *Figura 8.7* la amplitud del lazo cerrado *F*(s).

Tabla 8.3 Otras especificaciones de respuesta en frecuencia

	A_m	M_r dB	M_s dB	ω_u	ω_r	ω_s	ω_c
P	10,3	0,2	3,0	5	0,78	2,0	1,9
PI	15,4	1,2	2,3	4,8	0,297	1,5	1,2
PD	8,2	0,2	3,1	15,8	2,8	7,2	6,8
PID	7,4	1,1	3,1	13,4	0,94	6,5	6,1

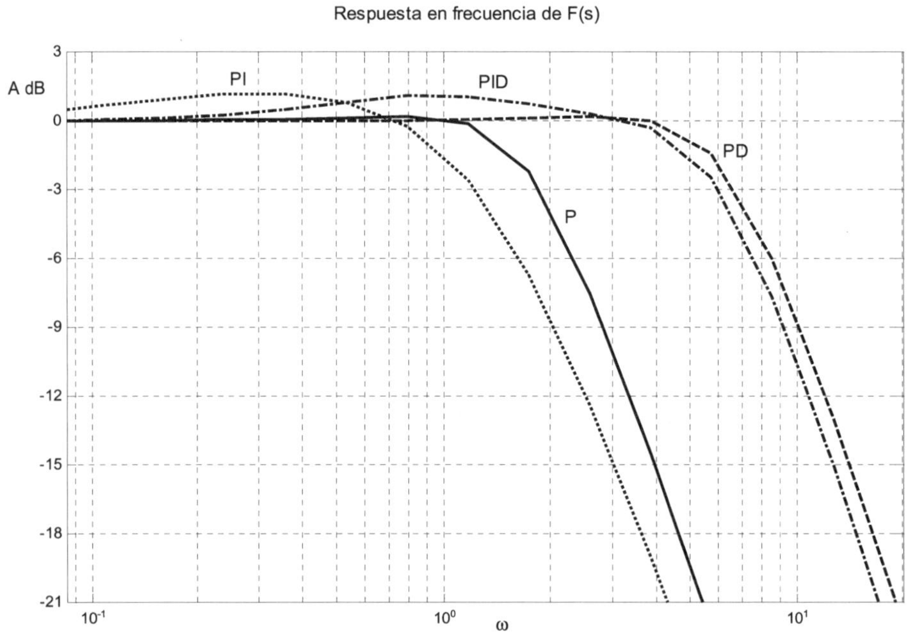

FIGURA 8.7 Respuestas en frecuencia del lazo cerrado

Puede observarse que todos los criterios indican que el PD está igualmente amortiguado que el P, y la rapidez es 3 o 3,5 veces superior. Sin embargo, el PI y el PID tienen mayor pico de resonancia (sin que sea malo), y especialmente a una frecuencia ω_r demasiado baja. Nótese que ω_0, ω_c, y ω_s darían una rapidez para el PI de un 70% de la del P, y para el PID de 3 veces, pero ω_r indicaría una rapidez mucho menor. La ganancia relativamente alta a bajas frecuencias se refleja en mayor sobrepaso y mayor tiempo de establecimiento en las respuestas a escalón en referencia, mientras que el tiempo de alcance sigue las relaciones anteriores de rapidez.

La *Figura 8.8* recoge las respuestas a escalón en referencia y en perturbación.

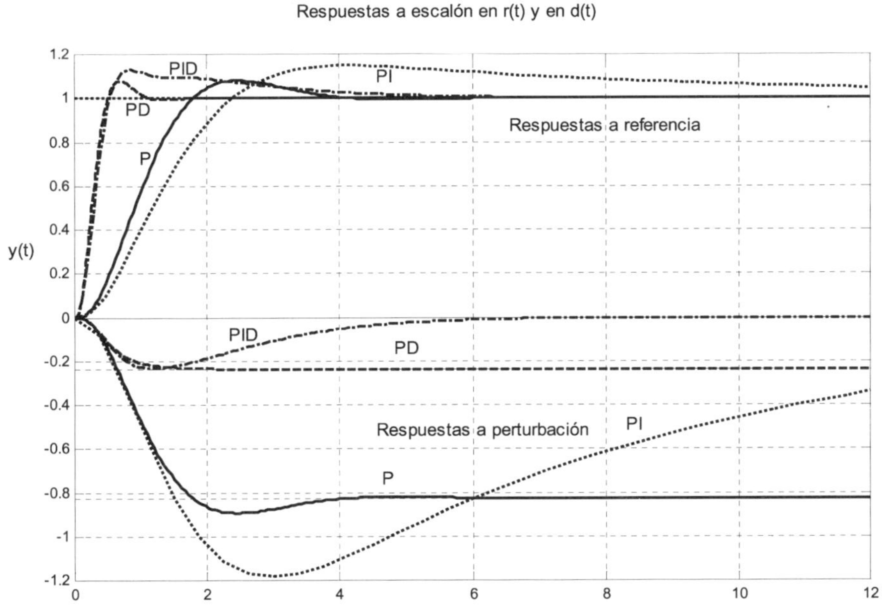

FIGURA 8.8 Respuestas a escalón en referencia y perturbación

Respuestas a escalón en referencia:

- Error nulo, debido a la integración de la planta.
- Sobrepasos moderados y pocas oscilaciones, coherentes con un buen amortiguamiento
- La rapidez a corto plazo (tiempo de alcance) es la esperada a partir de las pulsaciones de cruce.
- Los controles con acción integral tienen algo mayor sobrepaso a pesar de que el margen de fase es el mismo. Tienen una rapidez a largo plazo (tiempo de establecimiento) mucho peor que la esperada. El uso de acción integral no está justificado por esta respuesta, sino por la siguiente.

Respuestas a escalón en perturbación:

- Error $1/K_P$ en P y PD; menor en este último: incremento cuantitativo de la precisión. Error nulo en PI (el gráfico no ha tenido la paciencia de esperar a verlo) y PID debido a la integración del control: incremento cualitativo de la precisión.
- El máximo error es del orden de $1/K_P$. El PI tiene más que el P, pero luego lo anula, con su constante de tiempo lenta; compruébese que es aproximadamente I
- Puede demostrarse que la integral del error (área de la curva) es $1/K_I$; ver **Shinskey**. Obviamente, es infinita en P y PD; casi 20 veces mayor en PI que en PID. Maximizar K_I equivale entonces a minimizar el área; este criterio puede emplearse si el sistema está bien amortiguado y no hay oscilaciones excesivas, que podrían disminuir la integral sumando áreas positivas y negativas.

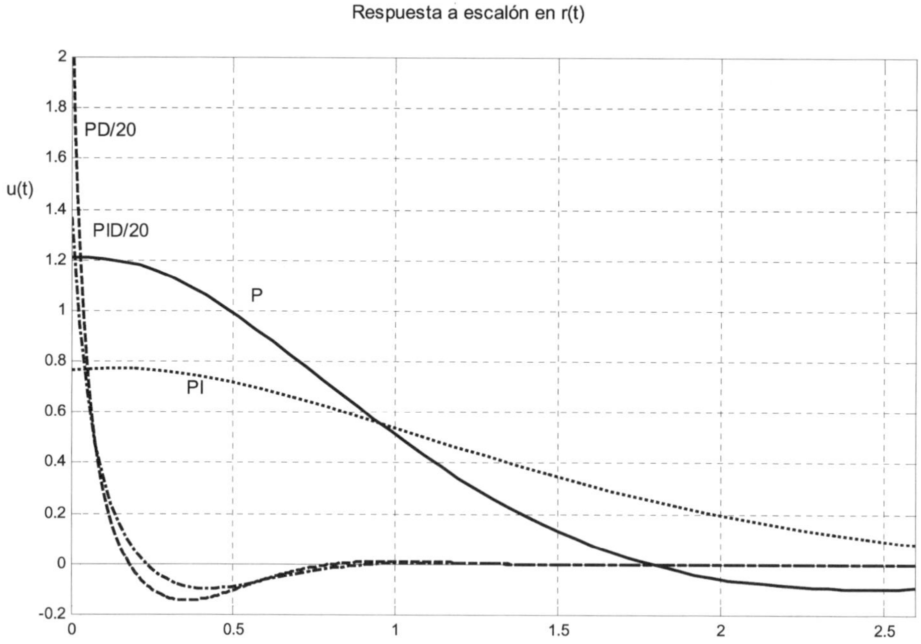

FIGURA 8.9 Respuestas del mando a escalón de referencia

La *Figura 8.9* recoge las respuestas de la variable de mando a escalón en referencia. Puede observarse que la mayor rapidez de los sistemas con control diferencial se consigue aplicando un mando mucho mayor, aunque sea en tiempos cortos: para dibujarlos en la misma figura, se les ha aplicado un factor de 1/20. En la práctica, esto quiere decir que la acción diferencial puede ser efectiva solamente si está disponible ese alto valor de la variable de mando (que tiene sus límites) o bien para escalones suficientemente pequeños. Compruébese y demuéstrese que el valor inicial de $u(t)$ es K_P/f.

(El motivo por el que, en la *Tabla 8.2*, se indica para P y PI $f = 1$ es que permite generalizar esta expresión; si no, bastaría con indicar $D = 0$)

8.5 Límites y posibilidades de diseño

Este apartado presenta una imagen general de los diseños posibles de PI y PD para una planta y amortiguamiento especificados. El diseño analítico es fácilmente programable, lo cual permite realizar una amplia serie de diseños alternativos que ilustren el alcance de los distintos controles y las elecciones posibles (recuérdese que cualquier diseño elegido debe ser comprobado posteriormente). Todos los diseños de estos ejemplos se basan en la misma planta y el mismo margen de fase; la pulsación de cruce indicará la rapidez.

$$P(s) = \frac{1}{s(1+0{,}4s)(1+0{,}1s)} \qquad \phi_m = 60^\circ \qquad \omega = \omega_0$$

La *Figura 8.10* recoge posibles diseños PI variando ω. Ésta debe ser inferior a la obtenida con P. Son de observar los siguientes puntos:

- Para ω igual a la de P resulta $I = \infty$, $K_I = 0$. En la práctica, esto es un control puramente proporcional: nunca llega a verse el efecto de la acción integral, infinitamente lenta.
- El retraso de fase no debe llegar a –90°; este otro extremo (control puramente integral) no es posible con esta $P(s)$, y solamente se usa excepcionalmente.
- Puede observarse un máximo de K_I: es el punto que se ha adoptado en el diseño de **8.4**; corresponde a un retraso de fase próximo al recomendado $\varphi_C \cong -10^\circ$

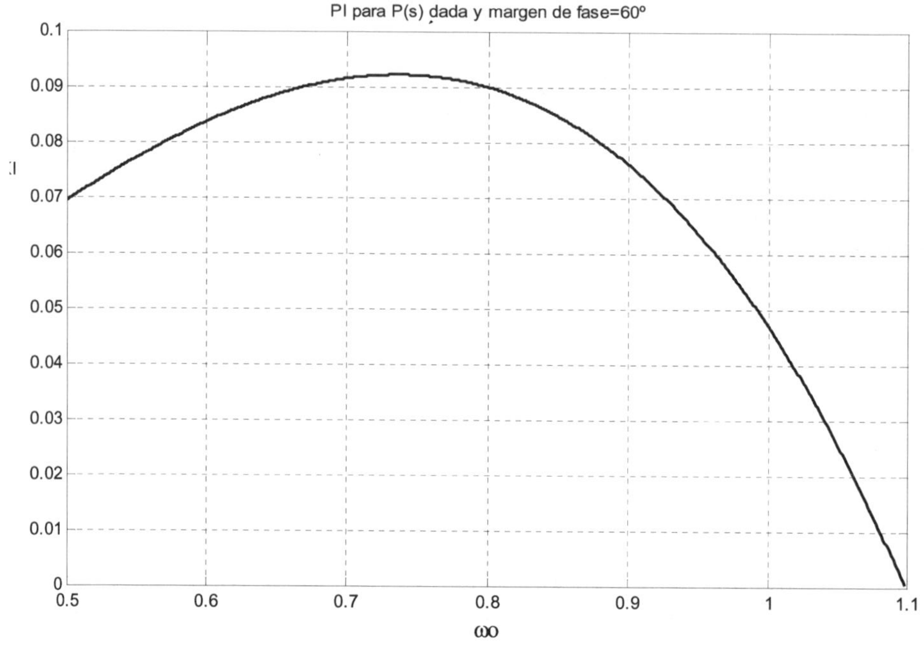

FIGURA 8.10 Precisión y rapidez de controles PI para $P(s)$ y ϕ_m dados

La *Figura 8.11* recoge posibles diseños PD variando ω. Ésta debe ser superior a la obtenida con P. Son de observar los siguientes puntos:

- La máxima rapidez obtenible (algo menos de 10) corresponde a un adelanto de fase de 90º. Esto sería un control puramente diferencial, $K_P = 0$, que no es útil por la bajísima precisión (error infinito a escalón en perturbación, e indeterminado de seguimiento en este caso).
- Para una rapidez determinada, el adelanto de fase necesario es el mismo; los diseños varían entre $f = 0$, que da la máxima precisión, y $f = f_M$, que da la mínima, mayor de la mitad de la anterior.
- Para un filtrado determinado, hay un punto de máxima rapidez (que coincide con $f = f_M$), y otro punto de máxima precisión. Los valores disminuyen al aumentar el filtrado; $f = 0$ da los máximos absolutos alcanzables.
- El punto que se ha adoptado en el diseño de **8.4** es el de máxima precisión, imponiendo $f = 0{,}1$
- También la condición $f = f_M$ (que implica f variable) da un punto de máxima precisión.

- Se ha representado, como ilustración, la otra solución de igual fase que da menor precisión, para $f = 0,1$
- También como ilustración, se representan dos curvas de D y fD constantes.

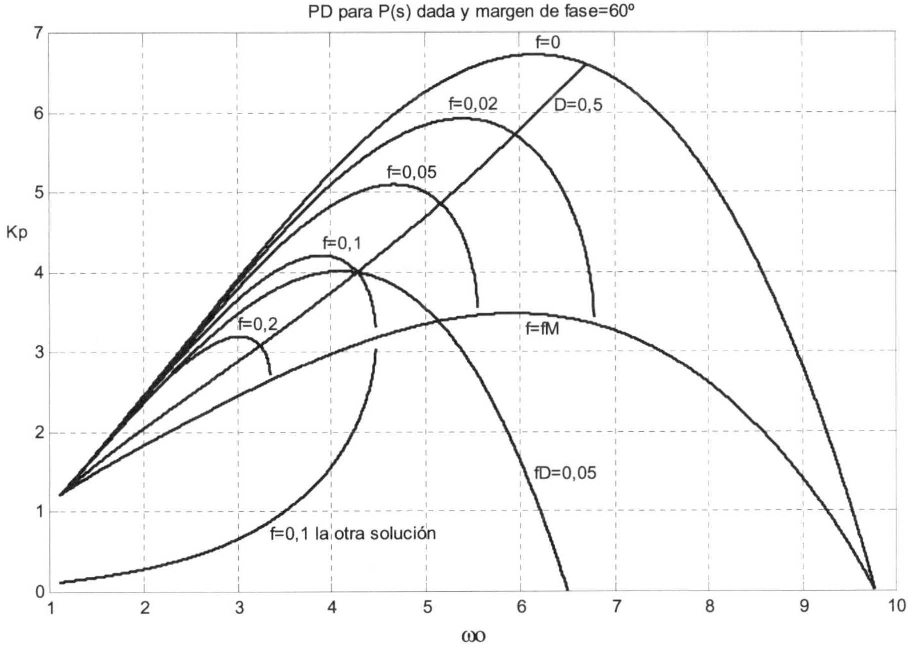

FIGURA 8.11 Precisión y rapidez de controles PD para $P(s)$ y ϕ_m dados

La *Figura 8.12* recoge posibles diseños **PID** variando ω y φ_{PI}, para $f = 0,1$. Son de observar los siguientes puntos:

- Para cada φ_{PI} hay una máxima rapidez alcanzable, dada por el adelanto total: máximo adelanto correspondiente a f, descontando el retraso: $\varphi_C = \varphi_{CM} + \varphi_{PI}$
- Para cada φ_{PI} hay una máxima precisión alcanzable. El punto que se ha adoptado en el diseño de **8.4** corresponde a uno de estos máximos; pero no se ha elegido el máximo absoluto para $f = 0,1$, con una rapidez algo menor y mayor retraso de fase. Explórese este diseño.

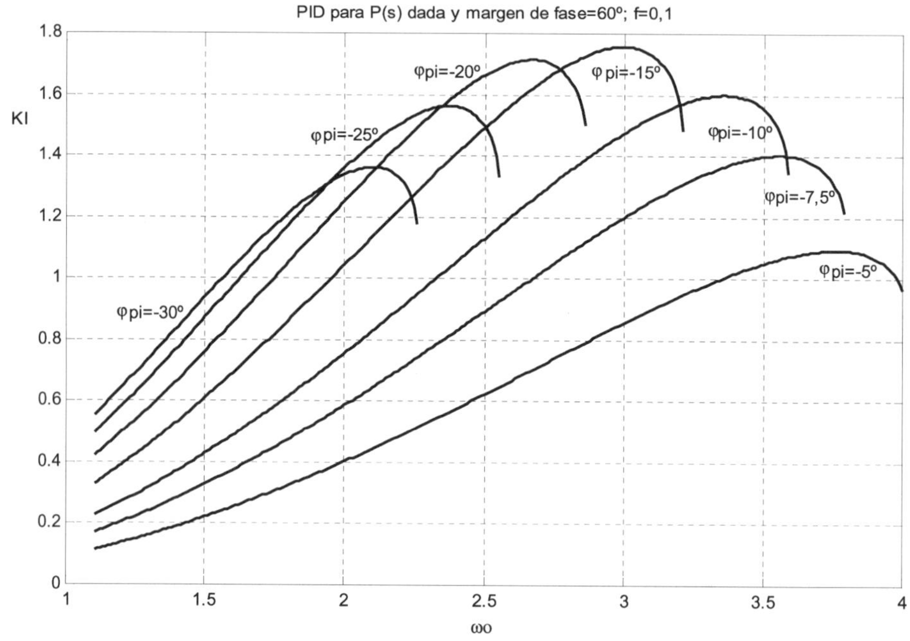

FIGURA 8.12 Precisión y rapidez de controles PID para $P(s)$ y ϕ_m dados

PROBLEMAS

P8.1 Se da una tabla de la respuesta en frecuencia de la planta $P(s)$:

ω	0,3	0,4	0,5	0,6	0,7	0,8	0,9	1,0	1,2	1,5	2,0	2,5
A_P dB	9,7	6,7	4,1	1,8	–0,4	–2,4	–4,2	–6,0	–9,3	–13,8	–20,0	–25,2
φ_P°	–123	–134	–143	–152	–160	–167	–174	–180	–190	–203	–217	–226

a) Hacer un boceto del gráfico de Black.

Diseñar los siguientes controles para $\phi_m = 37°$. Dar en cada caso las elecciones adoptadas si hay grados de libertad, y la función de transferencia $C(s)$.

b) Control proporcional. Dar el margen de ganancia.
c) Un control PI.
d) Dar los diseños PD extremos y uno intermedio, para $\omega_0 = 1$
e) Indicar la máxima rapidez alcanzable, dentro de las de la tabla, para $f = 0$ y para $f = 0,1$.
f) Un control PD para obtener $K_P = 2$, eligiendo la rapidez.
g) Un control PID razonable.

P8.2 Pueden diseñarse controles PD imponiendo el valor de K_P en lugar del de *f*. Esto es menos usual, y algo arriesgado porque el margen posible es escaso.

a) Obtener fórmulas para ωD y $f\omega D$ a partir de la relación básica, igualando parte real e imaginaria en lugar de módulo y fase en:

$$K_P(1 + \omega D j) = A_C e^{j\varphi_C} (1 + f\omega D j)$$

b) Aplicar estas fórmulas a resolver el apartado f) del problema *P8.1*

c) Obtener una fórmula que dé K_P en función de ωD, φ_C y A_C (no de *f*).

P8.3 Para $P(s) = \dfrac{1}{s^2(1+0{,}1s)(1+0{,}02s)}$, diseñar los siguientes controles para $\phi_m = 45°$. Dar en cada caso las elecciones adoptadas, y la función de transferencia $C(s)$.

a) El control más simple posible, que obtenga la máxima precisión.

b) Repetir a) si se limita la ganancia a altas frecuencias del control a un valor de 10, con relación a su ganancia a bajas frecuencias.

c) Un control con precisión cualitativamente superior a la de b) e igual filtrado. ¿Es posible conseguir similar rapidez?

P8.4 Se considera el control de la planta $P(s) = \dfrac{1}{5s(1+0{,}1s)^2}$, para $\phi_m = 45°$

Dar en cada caso las elecciones adoptadas, y la función de transferencia $C(s)$.

a) Un control PI.

b) Un control con acción integral, y pulsación de cruce w0 = 5. Tiéndase a minimizar el efecto de los ruidos de alta frecuencia, aunque no se exige plantear una optimización.

P8.5 Para la planta $P(s) = \dfrac{e^{-4s}}{20s}$, y $A_m = 3$

a) Ajustar un control proporcional.

b) Ajustar un control PI de máxima precisión. Indicar el retraso de fase.

c) Ajustar un control PID de máxima precisión. Tomar $f = 0$; la máxima precisión se da para $I = D$. Indicar el retraso y el adelanto de fase.

P8.6 Para la planta del problema *P7.5*, para un margen de fase de 60°, y usando el gráfico de Bode indicado, sin usar la expresión analítica de $P(s)$:

a) Ajustar un control PI para obtener una pulsación de cruce de 0,1

b) Ajustar un control PID para obtener una pulsación de cruce de 0,4

P8.7 Para la planta del problema *P7.8*, para un margen de ganancia de 10 dB, y usando la expresión analítica de $P(s)$:

a) Ajustar un control PI para obtener la máxima precisión.
b) Ajustar un control PD para obtener la máxima precisión.
c) Repetir b) imponiendo un filtrado $f = 0{,}1$

P8.8 Frecuentemente se usa en el control de procesos otra formulación del control PID, denominada no interactiva; ver el apéndice **F**. Se da a continuación una ligera variante de la misma:

$$C(s) = \frac{K_I}{s} + K\frac{1 + T'_d\, s}{1 + f'T'_d\, s}$$

a) Obsérvese que el control es la suma de un control integral puro y un PD. Aplicar la relación básica para obtener un procedimiento de diseño que permita especificar la pulsación de diseño ω, el filtrado de la acción diferencial f', y la precisión dada por K_I
b) Aplicar el procedimiento anterior a los datos de **8.4**. Comparando con el diseño de PID interactivo dado, para iguales $\phi_m = 60°$, $\omega_0 = 3{,}3$ y $f' = 0{,}13$, obtener tres diseños con mayores valores de $K_I = 2; 3; 4{,}7$.
c) ** Comparar las respuestas a escalones en referencia y perturbación del diseño de **8.4** y los diseños de b); dibujarlos en el mismo gráfico. Discutir los resultados. Puede ayudar el dibujo de gráficos de Black del lazo abierto.

P8.9* El ejemplo de los apartados **8.4** y **8.5** se basa en una planta relativamente "vertical" en el gráfico de Black, y con una integración. En control de procesos son más frecuentes plantas "horizontales" y sin integración. Suele ser preferible usar el margen de ganancia en vez del de fase. Para:

$$P(s) = \frac{e^{-0{,}5s}}{(1+s)^2} \qquad A_m = 3$$

a) Diseñar un control proporcional.
b) Repetir el análisis y las figuras del apartado **8.5**
c) Elegir un diseño de cada tipo: P, PI, PD, PID.
d) Repetir el análisis y las figuras del apartado **8.4**. Sacar conclusiones.

P8.10 Para el modelo de planta $P(s) = \dfrac{1}{10s(1+0{,}2s)}$, $\phi_m = 45°$

a) Ajustar un control proporcional, y un control PI. Indicar en ambos casos el margen de ganancia.
b) Discutir las máximas precisión y rapidez alcanzables con control PD.
c) Diseñar un control PD para obtener 10 veces la rapidez del control proporcional de a).

Se revisa ahora el modelo de la planta, incluyendo una pequeña constante de tiempo despreciada anteriormente: $P(s) = \dfrac{1}{10s(1+0{,}2s)(1+0{,}02s)}$

d) Revisar las conclusiones de b).
e) Respetando los diseños realizados en a) y c), obtener los márgenes de fase y de ganancia que resultan con el modelo revisado. Sacar conclusiones.

A

TABLA DE TRANSFORMADAS DE LAPLACE

	$X(s)$	$x(t)$
1.	$\dfrac{1}{s+a}$	e^{-at}
2.	$\dfrac{1}{(s+a)^k}$	$\dfrac{1}{(k-1)!}t^{k-1}e^{-at}$
3.	$\dfrac{a+cs}{s(s+a)}$	$1+(c-1)e^{-at}$
4.	$\dfrac{ab+cs}{(s+a)(s+b)}$	$a\dfrac{b-c}{b-a}e^{-at}-b\dfrac{a-c}{b-a}e^{-bt}$
5.	$\dfrac{a^2+cs}{(s+a)^2}$	$\left[a(a-c)t+c\right]e^{-at}$
6.	$\dfrac{r_1 s+r_2}{(s+a)^2+b^2}$	$Ae^{-at}\cos(bt+\varphi)$ $Ae^{j\varphi}=r_1+\dfrac{r_1 a-r_2}{b}j$
7.	$\dfrac{ab+cs+ds^2}{s(s+a)(s+b)}$	$1-\dfrac{b-c+ad}{b-a}e^{-at}+\dfrac{a-c+bd}{b-a}e^{-bt}$
8.	$\dfrac{a^2+cs+ds^2}{s(s+a)^2}$	$1-\left[(a-c+ad)t+(1-d)\right]e^{-at}$

	$X(s)$	$x(t)$
9.	$\dfrac{a^2+b^2+cs+ds^2}{s[(s+a)^2+b^2]}$	$1+Ae^{-at}\cos(bt+\varphi)$ $Ae^{j\varphi}=d-1+\dfrac{a(d+1)-c}{b}j$
10.	$\dfrac{a+cs+ds^2}{s^2(s+a)}$	$t-\dfrac{1-c}{a}+(d+\dfrac{1-c}{a})e^{-at}$
11.	$\dfrac{a^2+b^2+cs+ds^2}{s^2[(s+a)^2+b^2]}$	$t-\dfrac{2a-c}{a^2+b^2}+Ae^{-at}\cos(bt+\varphi)$ $Ae^{j\varphi}=\dfrac{d-1+\dfrac{a(d+1)-c}{b}j}{-a+bj}$
12.	$\dfrac{(a^2+b^2)(s+c)}{s[(s+a)^2+b^2](s+p)}\dfrac{p}{c}$	$1+Ae^{-at}\cos(bt+\varphi)+Re^{-pt}$ $Ae^{j\varphi}=\dfrac{p}{c}(-1+\dfrac{a}{b}j)\dfrac{c-a+bj}{p-a+bj}$ $R=\dfrac{(a^2+b^2)(p-c)}{c\left[(a-p)^2+b^2\right]}$

B

RETARDO

El retardo, de función de transferencia trascendente $e^{-\rho s}$, se encuentra frecuentemente en los modelos de control de procesos, representando típicamente el transporte de materia. Los métodos de respuesta en frecuencia pueden aplicarse directamente, pero los de respuesta temporal requieren en general funciones de transferencia racionales; en este apéndice se discutirán las aproximaciones racionales más útiles. Se introduce también el predictor de Smith.

B.1 Introducción

El retardo pertenece a la clase de los sistemas de orden infinito. Al igual que los descritos por ecuaciones en derivadas parciales, tiene un número infinito de variables de estado (piénsese que una simulación exacta de un retardo con ordenador requeriría un número infinito de valores de entrada almacenados en memoria para ser aplicados a la salida después del tiempo de retardo), y una función de transferencia trascendente. Tiene un número infinito de polos ($-\infty \pm bj$, con cualquier b real), y de ceros ($+\infty \pm bj$, con cualquier b real). De hecho, puede aproximarse por un número grande de pequeñas constantes de tiempo; ver el *Problema PB.1*.

Si bien su efecto en lazo abierto es sencillo de obtener: $y(t)$ retrasada es $y(t - \rho)$, en lazo cerrado se mezcla inextricablemente con el resto de funciones del lazo. Por otra parte, en esta situación su efecto suele quedar suavizado por las otras funciones y por el mismo cierre del lazo, por lo que puede ser suficiente una aproximación racional de orden no muy alto, al contrario que en la respuesta a un escalón antes indicada.

La respuesta en frecuencia no requiere aproximación racional. Es $e^{-\rho\omega j}$, con módulo 1 y argumento $-\rho\omega$. En efecto, al retrasar una senoidal no se altera el módulo, y el retraso constante en el tiempo produce una fase linealmente decreciente con la frecuencia.

B.2 Aproximaciones de Padé

Para un orden n dado, pueden obtenerse mejores aproximaciones racionales que la indicada en el *Problema PB.1*. Los aproximantes de Padé se basan en el desarrollo en serie de Taylor (es decir, en torno al origen $s = 0$):

$$e^{-\rho s} = 1 - \rho s + \frac{(\rho s)^2}{2!} - \frac{(\rho s)^3}{3!} + \ldots \approx \frac{1 + b_1 \rho s + \ldots + b_m (\rho s)^m}{1 + a_1 \rho s + \ldots + a_n (\rho s)^n}$$

Efectuando la división de los polinomios, e igualando los primeros $n + m$ términos con el desarrollo de Taylor, se obtiene un sistema de ecuaciones que permite determinar los coeficientes deseados. Ordinariamente se desea $n \geq m$

Tabla B.1 Algunas aproximaciones de Padé

$n\downarrow\ m\rightarrow$	0	1	2
0	1		
1	$\frac{1}{1+\rho s}$	$\frac{1-\frac{\rho}{2}s}{1+\frac{\rho}{2}s}$	
2		$\frac{1-\frac{\rho}{3}s}{1+\frac{2\rho}{3}s+\frac{(\rho s)^2}{6}}$	$\frac{1-\frac{\rho}{2}s+\frac{(\rho s)^2}{12}}{1+\frac{\rho}{2}s+\frac{(\rho s)^2}{12}}$

Una buena manera de juzgar la validez de las aproximaciones en una aplicación de control es analizar la *respuesta en frecuencia* del lazo abierto en el que el retardo está incluido. Los errores, que crecen con la frecuencia, deben ser suficientemente pequeños (por ejemplo, menores de 1 dB y de 5°) para la frecuencia de interés más alta (por ejemplo, la frecuencia de oscilación).

Para $n = m$, el módulo de la respuesta en frecuencia es exacto; sólo hay error de fase. Pueden obtenerse los coeficientes mediante el algoritmo iterativo:

$$a_0 = 1 \qquad a_i = a_{i-1} \frac{n-i+1}{i(2n-i+1)} \qquad b_i = a_i(-1)^i$$

Estas aproximaciones se emplean frecuentemente en programas de simulación; $n = 6$ es una elección típica. En la respuesta temporal suelen aparecer oscilaciones de pequeña amplitud, que intentan aproximar el tiempo de retardo. Ver el *Problema PB.2*.

B.3 Predictor de Smith

En la *Figura B.1* se muestra la estructura del regulador propuesto por Smith para el control de sistemas con retardos apreciables. La idea fundamental consiste en conseguir un sistema en lazo cerrado igual (salvo el inevitable retardo) al que se conseguiría si no hubiese retardo.

Se supone la planta sin retardo *Q(s)*, y se diseña un regulador *C(s)* para la misma. El lazo cerrado que obtiene el predictor de Smith, como puede comprobarse, es:

$$F(s) = e^{-\rho s} \frac{C(s)Q(s)}{1 + C(s)Q(s)}$$

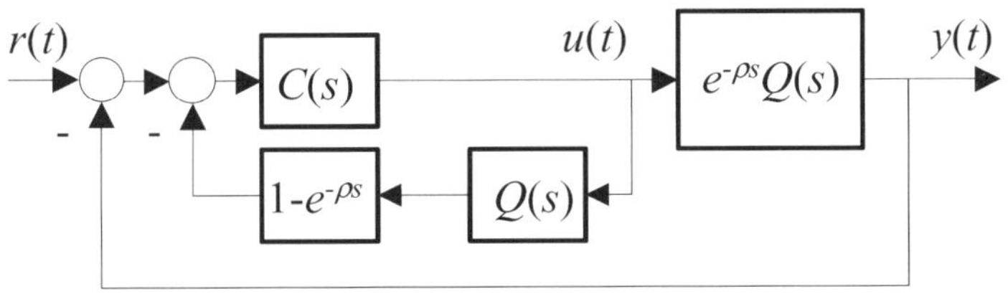

Figura B.1 Sistema de control con predictor de Smith

El regulador contiene una simulación (o predicción del comportamiento) de la planta, tanto en *Q(s)* como en el retardo. Si el modelo de ésta no es suficientemente bueno, o varía demasiado según las condiciones de funcionamiento, el comportamiento del sistema puede degradarse. Los análisis de robustez son aquí muy importantes.

PROBLEMAS

PB.1 ** Estudiar la respuesta a un escalón de una aproximación racional mediante muchas constantes de tiempo pequeñas (n tiende a ∞):

$$e^{-\rho s} \approx \frac{1}{(1+\frac{\rho}{n}s)^n}$$

a) Dibujar en la misma gráfica las respuestas a un escalón de las aproximaciones de un retardo $\rho = 1$ para $n = 1, 2, 5, 10, 20$. Sacar conclusiones.

PB.2 ** Estudiar respuestas de algunas aproximaciones de Padé. Se considerarán las tres últimas aproximaciones de Padé de la *Tabla B.1*, junto con la del *Problema PB.1* para $n = 5$.

Retardo e^{-s}

a) Dibujar en la misma gráfica las respuestas a un escalón. Señalar si las respuestas aproximan bien el retardo, y los efectos curiosos que producen.

Retardo y constante de tiempo $\dfrac{e^{-s}}{1+s}$

b) Dibujar en la misma gráfica las respuestas a un escalón.

Lazo cerrado con lazo abierto $G(s) = \dfrac{e^{-s}}{1+s}$

c) La pulsación de oscilación es aproximadamente 2. Para esta pulsación, obtener el módulo en dB y la fase en ° de $G(s)$, y los incrementos sobre ellos producidos por las aproximaciones.
d) Obtener las respuestas a un escalón del lazo cerrado, exacta y de las aproximaciones.

PB.3 ** Dada la planta a controlar:

$$P(s) = e^{-0{,}5s}\frac{10}{(1+s)^2}$$

a) Diseñar un control PI razonable, de acuerdo con las indicaciones del capítulo 8. Tomar $\phi_m = 50°$. Dar A_m.
b) Diseñar un control PI para la planta sin retardo. Tomar $\phi_m = 50°$. Dar A_m.

c) Añadir al diseño b) el predictor de Smith. Dar ϕ_m y A_m.

Comparar los diseños a) y c):

d) Dibujar en la misma gráfica las respuestas a un escalón en referencia y sacar conclusiones.
e) Dibujar en la misma gráfica las respuestas a un escalón en perturbación (inyectada en el mismo punto que el mando), y sacar conclusiones.

Hacer distintas pruebas de robustez, manteniendo los anteriores diseños nominales. Dibujar en las mismas gráficas las respuestas a un escalón en referencia y a un escalón en perturbación, y sacar conclusiones:

f) La ganancia estática de la planta desciende de 10 a 5 en otro punto de funcionamiento.
g) El retardo de la planta sube de 0,5 a 1 en otro punto de funcionamiento.
h) La planta tiene otra constante de tiempo no modelada inicialmente, de valor 0,2.

C
MODELO DE SERVO PARA UN ROBOT

C.1 Diagrama de bloques

Se da en formato SIMULINK de MATLAB, por lo que no sigue todos los convenios habituales, pero no difiere demasiado.

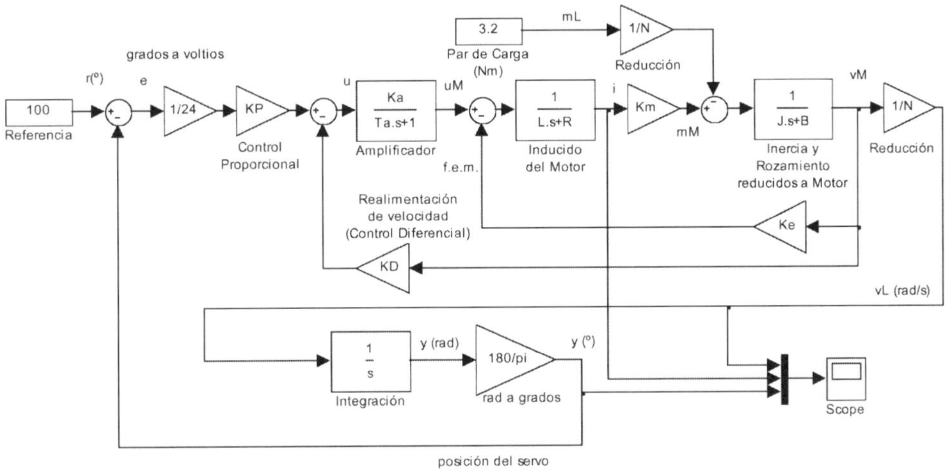

C.2 Modelo reducido del motor

Para par de carga y rozamiento nulos la función de transferencia entre velocidad del motor y tensión aplicada (en transformadas de Laplace) es:

$$m_L = 0;\ B = 0 \qquad v_M / u_M = \frac{1/K_e}{1 + T_m s(1 + T_e s)} \quad T_e = L/R \quad T_m = \frac{JR}{K_m K_e}$$

C.3 Variables y parámetros

Tabla C.1 Variables

Símbolos	Variables	Unidades	Valor nominal o (margen)
r (º)	referencia	grados, º	(+120º ; –120º)
y (º)	salida (posición)	grados, º	(+120º ; –120º)
y (rad)	salida (posición)	radianes, rad	
e	error	grados, º	
u	mando (tensión)	Voltios, V	(+10 V ; –10 V)
u_M	tensión del motor	Voltios, V	50 V
fem	fuerza electromotriz	Voltios, V	
i	corriente del motor	Amperios, A	1 A
m_M	par motor	Newtons.metro, N.m	80 *m*N.m
m_L	par de carga	Newtons.metro, N.m	
v_M	velocidad del motor	rad/s	500 rad/s
v_L	velocidad de la carga	rad/s	

Tabla C.2 Constantes y parámetros

Símbolos	Constantes y parámetros	Valor	Unidad
	Medida de posición	1/24	V/ °
	Paso de radianes a grados	180/ π	°/rad
K_a	Ganancia del amplificador	5	V/V
T_a	Constante de tiempo del amplificador	0,1	ms
R	Resistencia de inducido del motor	10	Ω
L	Autoinducción de inducido del motor	2	mH
T_e	Constante de tiempo eléctrica	0,2	ms
K_e	Constante de fem	80	mV/(rad/s)
K_m	Constante de par	80	mN.m/A
N	Reducción de engranajes	40	
J_M	Inercia del motor	64	g.cm^2
T_m	Constante de tiempo mecánica del motor	10	ms
J	Inercia total $J = J_M + J_L / N^2$		kg.m^2
B_M	Rozamiento viscoso del motor		N.m/(rad/s)
B	Rozamiento total $B = B_M + B_L / N^2 =$		N.m/(rad/s)
K_P	Control proporcional		V/V
K_D	Control diferencial		V/(rad/s)

D

ESPECIFICACIONES DE RESPUESTA DINÁMICA

D.1 CLASIFICACIÓN

Estas especificaciones se refieren a la respuesta de seguimiento.

Amortiguamiento			**Rapidez**		
Nombre		Recomendaciones	Nombre		A partir de:
Amortiguamiento	ζ	0,5 ; 0,7	Pulsación propia no amortiguada	ω_n	Sistema de
	α	30° ; 45°	Pulsación propia	ω_d	*segundo orden*
			Tiempo de establ. de la exponencial	t_τ	SOLAMENTE
			Tiempo de alcance	t_a	Respuesta al
Sobrepaso	M_p	15% ; 5%	Tiempo de pico	t_p	escalón de
			Tiempo de establecimiento	t_s	$F(s)$
Pico de resonancia	M_r	2,3 dB ; 1,4dB	Pulsación de resonancia	ω_r	Respuesta en frecuencia de
			Pulsación de corte	ω_c	$F(s)$
Máxima sensibilidad	M_s	6 dB ; 2,3dB	Pulsación de máxima sensibilidad	ω_s	Respuesta en frecuencia de $S(s)$
Margen de ganancia	A_m	> 6dB	Pulsación de oscilación	ω_u	Respuesta en frecuencia de
Margen de fase	ϕ_m	45° ; 60°	Pulsación de cruce	ω_0	$G(s)$

D.2 Definiciones

Respuesta a un escalón del lazo cerrado F(s)

- Sobrepaso, M_p: Máximo de la respuesta, sobre el valor de régimen permanente, medido con relación a éste, frecuentemente en %.
- Tiempo de pico, t_p: Tiempo desde el origen hasta el máximo anterior.
- Tiempo de alcance, t_a: Tiempo desde el origen hasta el primer paso por el valor de régimen permanente.
- Tiempo de establecimiento, t_s: Tiempo desde el origen hasta el último paso por ± 5% del valor de régimen permanente.

Respuesta en frecuencia del lazo cerrado F(s)

- Pico de resonancia, M_r: Máximo de la respuesta en frecuencia, dividido por la ganancia estática; frecuentemente expresado en dB.

$$M_r = \max[\mathrm{mod}[F(j\omega)]]/\, F(0)$$

- Pulsación de resonancia, ω_r: Pulsación a la que se da el máximo anterior.
- Pulsación de corte a –3 dB, ω_c: Pulsación para la cual la ganancia del lazo cerrado es inferior a la ganancia estática en 3 dB, (o $\sqrt{2}$ veces menor).

$$\mathrm{mod}[F(j\omega_c)] = F(0)/\sqrt{2}$$

Estas especificaciones también pueden obtenerse a partir de la respuesta en frecuencia del lazo abierto, usando contornos en el ábaco de Nichols.

Sensibilidad S(s)

- Máxima sensibilidad, M_s: Máximo de la respuesta en frecuencia de

$S(s) = \dfrac{1}{1+G(s)}$ Se expresa a veces en valor natural y a veces en dB.

$$M_s = \max[\mathrm{mod}[S(j\omega)]]$$

- Pulsación de máxima sensibilidad, ω_s: Pulsación a la que se da el máximo anterior.

Estas especificaciones también pueden obtenerse a partir de la respuesta en frecuencia del lazo abierto, usando el ábaco de Nichols simétrico.

Respuesta en frecuencia del lazo abierto G(s)

- Margen de ganancia, A_m: Distancia al punto crítico de estabilidad –1, medida en ganancia para fase –180°. Se expresa a veces en valor natural y a veces en dB. Si K es una ganancia del lazo abierto, y K_u la ganancia que da oscilación, $A_m = \dfrac{K_u}{K}$
- Pulsación de oscilación, ω_u: Pulsación para la que la fase del lazo abierto es 180°, correspondiente al margen de ganancia.

$$\arg[G(j\omega_u)] = -\pi \qquad\qquad A_m = \frac{1}{\mathrm{mod}[G(j\omega_u)]}$$

- Margen de fase, ϕ_m: Distancia al punto crítico de estabilidad –1, medida en fase para módulo 1. Normalmente se expresa en grados.
- Pulsación de cruce, ω_0: Pulsación para la que el módulo del lazo abierto es 1 (0dB), correspondiente al margen de fase.

$$\mathrm{mod}[G(\mathrm{j}\omega_0)] = 1 \qquad\qquad \phi_m = \pi + \arg[g(j\omega_0)]$$

D.3 SISTEMA DE *SEGUNDO ORDEN* SUBAMORTIGUADO

$$F(s) = \frac{1}{1 + \dfrac{2\zeta}{\omega_n} s + \dfrac{1}{\omega_n^2} s^2} \qquad \zeta < 1$$

D.3.1 Fórmulas

Polos –a ± bj y parámetros

$$\tau = \frac{1}{a} = \frac{1}{\omega_n \zeta} \qquad \omega_d = b = \omega_n \sqrt{1-\zeta^2} = \omega_n \cos\alpha \qquad \zeta = \mathrm{sen}\,\alpha$$

Respuesta a un escalón del lazo cerrado F(s)

$$y(t) = 1 - \frac{1}{\cos\alpha} e^{-at} \cos(bt - \alpha)$$

$$M_p = e^{-\pi \,\mathrm{tg}\,\alpha}$$

$$\omega_n t_a = \frac{\pi/2+\alpha}{\cos\alpha} \qquad \omega_n t_p = \frac{\pi}{\cos\alpha} \qquad \omega_n t_\tau = \frac{\ln 20}{\operatorname{sen}\alpha} \cong 3/\zeta$$

Respuesta en frecuencia del lazo cerrado F(s)

$$Ae^{j\varphi} = F(j\omega) = \frac{1}{1-(\omega/\omega_n)^2 + 2\zeta(\omega/\omega_n)j}$$

$$M_r = \frac{1}{\operatorname{sen}(2\alpha)} \qquad \omega_r/\omega_n = \sqrt{\cos(2\alpha)}$$

$$\omega_c/\omega_n = \sqrt{1-2\zeta^2+\sqrt{2-4\zeta^2+4\zeta^4}}$$

Sensibilidad S(s)

$$S(s) = \frac{1}{1+G(s)} = 1 - F(s) = \frac{\frac{2\zeta}{\omega_n}s + \frac{1}{\omega_n^2}s^2}{1+\frac{2\zeta}{\omega_n}s + \frac{1}{\omega_n^2}s^2}$$

$$\omega_s/\omega_n = \sqrt{\frac{1+\sqrt{1+8\zeta^2}}{2}} \qquad M_s = (\omega_s/\omega_n)\sqrt{\frac{(\omega_s/\omega_n)^2+4\zeta^2}{(1-(\omega_s/\omega_n)^2)^2+4\zeta^2(\omega_s/\omega_n)^2}}$$

Respuesta en frecuencia del lazo abierto G(s)

$$G(s) = \frac{F(s)}{1-F(s)} = \frac{1}{\frac{2\zeta}{\omega_n}s + \frac{1}{\omega_n^2}s^2}$$

$$\omega_0/\omega_n = \sqrt{-2\zeta^2+\sqrt{1+4\zeta^4}} \qquad \phi_m = \operatorname{arctg}\frac{2\zeta}{\omega_0/\omega_n}$$

$$\zeta = \frac{\operatorname{sen}\phi_m}{2\sqrt{\cos\phi_m}}$$

Nota

Las fórmulas y tablas basadas directamente en $F(s)$ son válidas también cuando $F(0) \neq 1$, como se deduce de las definiciones dadas. En cambio, las basadas en $S(s)$ o en $G(s)$ suponen $F(0) = 1$ y realimentación unitaria.

D.3.2 Tablas para el sistema de segundo orden

Amortiguamiento

Situación de polos		Escalón F(s)	Frecuencia F(s)		Frecuencia G(s), S(s)		
ζ	α^o	M_p %	M_r dB	M_r	$\phi_m{}^o$	M_s dB	M_s
0,05	2,9	85,4	20,0	10,01	5,7	20,1	10,06
0,10	5,7	72,9	14,0	5,03	11,4	14,2	5,12
0,15	8,6	62,1	10,6	3,37	17,1	10,9	3,51
0,20	11,5	52,7	8,1	2,55	22,6	8,7	2,73
0,25	14,5	44,4	6,3	2,07	28,0	7,2	2,28
0,30	17,5	37,2	4,8	1,75	33,3	6,0	1,99
0,35	20,5	30,9	3,7	1,53	38,3	5,1	1,80
0,40	23,6	25,4	2,7	1,36	43,1	4,4	1,66
0,45	26,7	20,5	1,9	1,24	47,6	3,8	1,55
0,50	30,0	16,3	1,2	1,15	51,8	3,3	1,47
0,55	33,4	12,6	0,7	1,09	55,7	2,9	1,40
0,60	36,9	9,5	0,4	1,04	59,2	2,6	1,35
0,65	40,5	6,8	0,1	1,01	62,3	2,4	1,31
0,70	44,4	4,6	0,0	1,00	65,2	2,1	1,28
0,75	48,6	2,8	NO	NO	67,7	1,9	1,25
0,80	53,1	1,5	NO	NO	69,9	1,7	1,22
0,85	58,2	0,6	NO	NO	71,8	1,6	1,20
0,90	64,2	0,2	NO	NO	73,5	1,5	1,18
0,95	71,8	0,0	NO	NO	75,0	1,4	1,17
1	90,0	NO	NO	NO	76,3	1,2	1,15

Rapidez normalizada

Situación de polos			Escalón F(s)			Frecuencia F(s)		Frecuencia G(s), S(s)	
ζ	ω_d / ω_n	$\omega_n t_\tau$	$\omega_n t_a$	$\omega_n t_p$	$\omega_n t_s$	ω_r / ω_n	ω_c / ω_n	ω_0 / ω_n	ω_s / ω_n
0,05	0,999	59,9	1,62	3,15	50,0	0,997	1,551	0,998	1,002
0,10	0,995	30,0	1,68	3,16	29,0	0,990	1,543	0,990	1,010
0,15	0,989	20,0	1,74	3,18	19,6	0,977	1,529	0,978	1,021
0,20	0,980	15,0	1,81	3,21	13,7	0,959	1,510	0,961	1,037
0,25	0,968	12,0	1,88	3,24	10,8	0,935	1,485	0,940	1,055
0,30	0,954	9,99	1,97	3,29	10,1	0,906	1,454	0,914	1,075
0,35	0,937	8,56	2,06	3,35	7,88	0,869	1,417	0,886	1,097
0,40	0,917	7,49	2,16	3,43	7,61	0,825	1,375	0,854	1,120
0,45	0,893	6,66	2,28	3,52	5,25	0,771	1,326	0,821	1,144
0,50	0,866	5,99	2,42	3,63	5,29	0,707	1,272	0,786	1,169
0,55	0,835	5,45	2,58	3,76	5,29	0,628	1,213	0,751	1,194
0,60	0,800	4,99	2,77	3,93	5,23	0,529	1,148	0,716	1,219
0,65	0,760	4,61	3,00	4,13	5,03	0,394	1,080	0,681	1,244
0,70	0,714	4,28	3,29	4,40	2,90	0,141	1,010	0,648	1,268
0,75	0,661	3,99	3,66	4,75	3,12	NO	0,940	0,617	1,293
0,80	0,600	3,74	4,16	5,24	3,38	NO	0,871	0,587	1,318
0,85	0,527	3,52	4,91	5,96	3,68	NO	0,806	0,559	1,342
0,90	0,436	3,33	6,17	7,21	4,01	NO	0,746	0,533	1,367
0,95	0,312	3,15	9,04	10,06	4,37	NO	0,692	0,508	1,391
1	0	3,00	NO	NO	4,74	NO	0,644	0,486	1,414

E

RESUMEN DE DISEÑO ANALÍTICO

E.1 Ajuste de un punto de la respuesta en frecuencia

Dados P(s), Margen, ω, se obtiene el módulo A_C, y la fase φ_C del control para obtener *Margen* a esa pulsación ω.

Margen de fase ϕ_m y ω_0:

$$A_C e^{j\varphi_C} \cdot P(j\omega) = 1 \cdot e^{j(-\pi+\phi_m)}$$

Margen de ganancia A_m y ω_u:

$$A_C e^{j\varphi_C} \cdot P(j\omega) = \frac{1}{A_m} \cdot e^{-j\pi}$$

$$C(s) = K_P \frac{1+Is}{Is} \frac{1+Ds}{1+fDs}$$

Debe cumplirse: $C(j\omega) = A_C e^{j\varphi_C}$

REGLA DE ORO: los parámetros K_P, I, D, f deben ser reales, y no negativos.

E.2 Diseño del control

Control Proporcional, P

$$C(s) = K_P$$

$\varphi_C = 0$. Permite fijar solamente el amortiguamiento (algunas veces, tampoco esto: usar PD). Una vez elegido, 0 grados de libertad. Buscar ω para $\varphi_C = 0$

$$K_P = A_C$$

Control Proporcional más Integral, PI

$$C(s) = K_P \frac{1 + Is}{Is}$$

$-\pi/2 < \varphi_C < 0$. Incremento **cualitativo** de la precisión, dada ahora por $K_I = K_P/I$. Permite fijar el amortiguamiento, y rapidez algo menor que la de P. Una vez elegida ω, 0 grados de libertad.

$$\omega I = \frac{-1}{\operatorname{tg}\varphi_C} \qquad K_P = A_C \cos\varphi_C$$

Elección de ω: se recomienda frecuentemente: $\omega I \cong 5$; $\varphi_C \cong -10^\circ$ o $\omega I \cong 10$; $\varphi_C \cong -5^\circ$. También tiene sentido elegir ω para maximizar K_I.

Control Proporcional más Diferencial, PD

$$C(s) = K_P \frac{1 + Ds}{1 + fDs} \qquad 0 \leq f < 1$$

$-\pi/2 > \varphi_C > 0$. Permite fijar el amortiguamiento, y rapidez mayor que la de P. Suele dar K_P mayor (incremento cuantitativo de la precisión). Es necesario emplearlo si no es posible ajustar P para sistema estable o con el amortiguamiento deseado. Una vez elegida ω, 1 grado de libertad. Seleccionar f; valor típico $f = 0{,}1$

PD "ideal" $f = 0$

No es recomendable ni frecuente su uso, por tener excesiva ganancia a ruidos de alta frecuencia. Permite la mayor K_P para una ω dada, por lo que es útil como referencia.

$$C(s) = K_P(1 + Ds) \qquad \omega D = \operatorname{tg}\varphi_c \qquad K_P = A_C \cos\varphi_C$$

PD "real", o "adelanto de fase" $0 < f < f_M$

Resolver $\operatorname{arctg}(\omega D) - \operatorname{arctg}(f\omega D) = \varphi_C$ para obtener la D que da el adelanto necesario. Ecuación de segundo grado en ωD; elegir la solución menor para obtener mayor K_P. No tiene solución si φ_C es excesivo: $\varphi_C > \pi/2$ o $f > f_M$

$$\omega D = \frac{1/f - 1}{2\operatorname{tg}\varphi_C} - \sqrt{\left(\frac{1/f - 1}{2\operatorname{tg}\varphi_C}\right)^2 - 1/f} \qquad K_P = A_C \frac{\sqrt{1 + (f\omega D)^2}}{\sqrt{1 + (\omega D)^2}}$$

PD $f = f_M$

Usar si hay problemas excesivos de ruido; pero quizá tampoco se consiga mucho.

$$f_M = \frac{1 - \operatorname{sen} \varphi_C}{1 + \operatorname{sen} \varphi_C} \qquad \varphi_{CM} = \operatorname{arcsen} \frac{1 - f}{1 + f}$$

$$\omega D = \frac{1}{\sqrt{f_M}} = \operatorname{tg} \varphi_C + \frac{1}{\cos \varphi_C} \qquad K_P = A_C \sqrt{f_M} = \frac{A_C \cos \varphi_C}{1 + \operatorname{sen} \varphi_C}$$

Control Proporcional más Integral más Diferencial, PID

$$C(s) = K_P \frac{1 + Is}{Is} \frac{1 + Ds}{1 + fDs}$$

Reúne las ventajas del PI y el PD: permite fijar el amortiguamiento, incremento cualitativo de la precisión ($K_I = K_P/I$) por el PI, rapidez mayor que la de P por el PD. Una vez elegida ω, 2 grados de libertad. Seleccionar $\varphi_{PI} < 0$ y $f \leq f_M$ (φ_{PD})

$$\omega I = \frac{-1}{\operatorname{tg} \varphi_{PI}}$$

PD compensa el retraso de PI: $\varphi_{PD} = \varphi_C - \varphi_{PI}$

Se obtiene D como en PD, con φ_{PD} en lugar de φ_C

Finalmente, se ajustan los módulos para obtener:

$$K_P = A_C \cos \varphi_{PI} \sqrt{\frac{1 + (f\omega D)^2}{1 + (\omega D)^2}}$$

F

REGULADORES PID

En este apéndice se revisan algunos aspectos tecnológicos de los reguladores industriales de control de procesos como temperatura, nivel, presión o caudal. Muchas ideas son también interesantes en otras aplicaciones. Referencias útiles son **Åström**, **Shinskey**.

F.1 Reguladores PID

En los reguladores comerciales se usa frecuentemente el nombre PID; pero debe tenerse presente que la función de transferencia correspondiente es solamente un *modelo* del regulador, que tiene sus propias restricciones de realización: además de frecuentes constantes de tiempo no modeladas, la parte PD prácticamente siempre incluye una constante de tiempo de filtrado; la parte PI puede no tener ganancia estática infinita, sino simplemente elevada. Dos formulaciones usuales son:

PID interactivo (serie): PI × PD $$C(s) = K_P \frac{1 + Is}{Is} \frac{1 + Ds}{1 + fDs}$$

PID no interactivo (paralelo): P + I + D $$C(s) = K\left(1 + \frac{1}{T_i s} + \frac{T_d s}{1 + \frac{T_d}{N} s}\right)$$

Ver en la *Figura F.1* un diagrama de bloques del PID no interactivo.

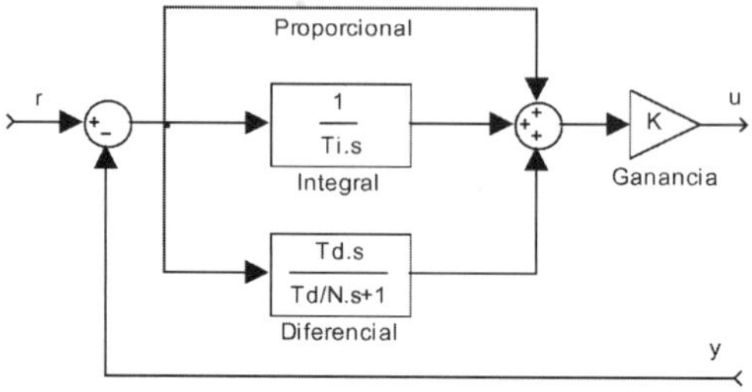

FIGURA F.1 Regulador PID no interactivo.

Desgraciadamente, muchas veces no se especifica ni siquiera si el regulador es de uno u otro tipo; también es frecuente omitir el valor de f o de N. Se ha usado la forma interactiva en los diseños del capítulo **8**. La forma no interactiva puede ser más intuitiva, al sumarse las tres acciones de control; pueden obtenerse sus parámetros igualando ambas expresiones, con lo que se obtienen las siguientes fórmulas de paso:

$$\mu = 1 + (1 - f)\frac{D}{I}$$

$$K = \mu\, K_P \qquad T_i = \mu\, I \qquad T_d = \left(\frac{1}{\mu} - f\right)D \qquad N = \frac{1}{\mu f} - 1$$

$$K_I = K_P / I = K / T_i$$

Si se supone, como es habitual, $D \leq I$, $f < 1$, μ varía entre 1 y 2.

Ejemplo F.1

Para $D = 0$: $\mu = 1$
$K = K_P \qquad T_i = I$

Para $\omega D = 2$, $\omega I = 5$, $f = 0{,}1$: $\mu = 1{,}36$
$K = 1{,}36 K_P \quad T_i = 1{,}36 I \quad T_d = 0{,}635 D \quad N = 6{,}35$

Para $D = I$, $f = 0$: $\mu = 2$
$K = 2K_P \quad T_i = 2I \quad T_d = 0{,}5D \quad N = \infty$
§

Por tanto, los parámetros de ambas formulaciones son iguales para el control PI, y similares si $I >> D$. Pero también pueden ser bastante distintos.

El paso inverso no siempre es posible, ya que la formulación no interactiva tiene un margen más amplio de ajuste: permite ceros complejos de $C(s)$.

A continuación se definen algunos parámetros también de uso corriente, basados en la forma no interactiva.

Banda proporcional, B

Se define para acción solamente proporcional. La definición de este parámetro refleja dos realidades prácticas:

a) Conviene expresar la salida y la entrada del regulador (mando y error) en magnitudes unitarias, o % del recorrido del mando y % de la escala del medidor.
b) El mando está limitado a un margen de valores.

La banda proporcional es el error que produce el máximo mando: errores superiores siguen produciendo el mismo mando. El regulador es proporcional sólo para errores inferiores, y no lineal (está saturado) para errores superiores.

$$B = \frac{100}{K}\%$$

Repeticiones (por unidad de tiempo), R

Un error constante produce una acción integral creciente: cada unidad de tiempo se repite la acción proporcional R veces.

$$R = \frac{1}{T_i}$$

Acción diferencial (unidades de tiempo), T_d

Es la constante de tiempo de acción diferencial. Un error creciente un 1% cada T_d unidades de tiempo produce una acción diferencial igual a la acción proporcional producida por un error del 1%.

F.1.1 Algunas variantes y funciones útiles

Se revisan brevemente a continuación algunas mejoras en la funcionalidad de los reguladores.

Reguladores de dos grados de libertad

Los reguladores presentados hasta ahora actúan a partir del error, de forma que:

$$u(s) = C(s)e(s) = C(s)r(s) - C(s)y(s)$$

Es posible en ocasiones mejorar el comportamiento frente a escalón en referencia, manteniendo todas las propiedades del lazo abierto $G(s)$ y la influencia de las perturbaciones, modificando únicamente la influencia de la referencia:

$$u(s) = C_r(s)r(s) - C(s)y(s)$$

Esta idea abstracta se concreta en muchas realizaciones prácticas distintas, con diferentes justificaciones intuitivas, y con mayor o menor flexibilidad. Ver un esquema típico en la *Figura F.2*: PID no interactivo con ponderación de la referencia, acción I sobre el error y acción D solamente sobre la salida.

$$u(s) = K\left[\frac{1}{T_i s}[r(s)-y(s)] + br(s) - y(s)\left(1+\frac{T_d s}{1+\frac{T_d}{N}s}\right)\right] \qquad C_r(s) = K\left(b+\frac{1}{T_i s}\right)$$

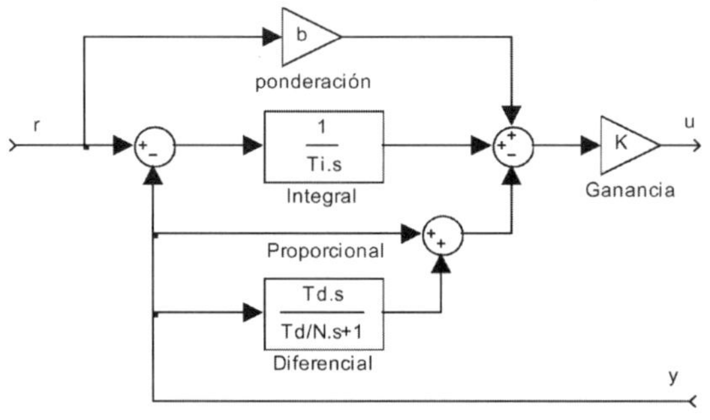

FIGURA F.2 Un regulador no interactivo de 2 grados de libertad

Transición suave de manual a automático

Muchos procesos son lo suficientemente lentos como para permitir un control manual. Para ello, se abre el lazo de control y el operador varía manualmente el mando. Esta posibilidad permite diversos ensayos para ajuste del regulador (ver **F.2**).

Al volver a pasar a control automático el regulador puede haber acumulado extrañas integrales del error o, en general, tener unas condiciones iniciales en desacuerdo con el estado de la planta. Esto puede producir cambios bruscos en la variable de mando. Un procedimiento para evitarlo es que el regulador, en la fase manual, vaya siguiendo las acciones del operador, ajustándose en todo momento a ellas.

Límites en la variable de mando; saturación integral, o windup

En todo regulador práctico la variable de mando tiene un margen determinado de valores que no se puede exceder, aunque el regulador pudiera pedirlo. En este caso, la variable de mando se queda en el límite correspondiente, y el sistema de control se hace no lineal. Más concretamente, el regulador deja de actuar, y la planta responde en lazo abierto a un mando constante.

Este fenómeno puede darse en distintas situaciones, pero es frecuente en los arranques de un proceso, cuando la diferencia entre el valor de referencia y el valor de la salida (error) es grande. Puede tener consecuencias más o menos graves, dependiendo del tipo y construcción del regulador; es preciso en muchos casos añadir circuitos específicos al regulador para eliminar o atenuar estas consecuencias.

Con control proporcional, el tiempo de arranque puede ser muy superior al tiempo de establecimiento previsto para el control lineal (en lazo cerrado), si el mando permanece saturado mucho tiempo. Pero esto es una limitación física, que solamente puede evitarse aumentando el valor máximo del mando, lo cual puede tener importantes penalizaciones económicas. El regulador proporcional no plantea ningún problema adicional; reacciona adecuadamente dentro de sus límites, disminuyendo el mando al acercarse la salida al valor de referencia.

En cambio, el control integral puede, durante el periodo de arranque, acumular una considerable integral del error. Al llegar a errores pequeños el mando no disminuye, porque el regulador intenta (equivocadamente) compensar la integral del error. Esto solamente sucede cuando se acumula suficiente integral negativa de error, por lo que el mando sale de saturación cuando la salida ha rebasado considerablemente el valor de referencia. Este fenómeno pernicioso se denomina saturación integral (*windup*) y los reguladores incorporan “trucos” tecnológicos muy variados para atenuarla o eliminarla. Con reguladores digitales, un truco muy efectivo es incorporar en el programa instrucciones que impidan la integral del error cuando el mando está saturado. Con reguladores analógicos, puede pensarse que este fenómeno no es en realidad demasiado distinto del paso de control manual a automático (con mando saturado el sistema está en lazo abierto), y las soluciones previstas para este problema pueden servir para evitar la saturación integral.

F.2 Ajuste de reguladores por el método de Ziegler-Nichols

Existen diversos procedimientos para ajustar los parámetros de un regulador a partir de medidas en funcionamiento, sin necesidad de obtener un modelo detallado de la planta. Estos procedimientos no pretenden conseguir un conjunto preciso de especificaciones del lazo cerrado, del estilo de las estudiadas en el capítulo **8**. Pero son de cómoda aplicación, y muy empleados en la práctica de control de procesos. Las indicaciones de los manuales de fabricantes de reguladores están basadas en los procedimientos descritos por Ziegler y Nichols; puede verse el artículo original (1942) en **Thaler** .

El método más empleado se basa en una medida única de respuesta en frecuencia, empleando el propio sistema de control como oscilador para generar la frecuencia de oscilación:

1) Identificación de la planta (obtención de datos): Con el lazo cerrado con control proporcional, se va elevando la ganancia del control hasta que el sistema se hace oscilante. Se anota entonces el valor de la ganancia del control, K_u, y del periodo de oscilación, T_u
2) Ajuste: Los ajustes recomendados se resumen en siguiente tabla (para el PID se supone la versión no interactiva).

1ª Tabla de ajustes de Ziegler-Nichols

	K / K_u	T_i / T_u	T_d / T_u
P	0,5		
PI	0,45	1/1,2	
PID	0,6	1/2	1/8

Un segundo procedimiento difiere en la identificación de la planta:

1) Identificación de la planta: Con control manual (lazo abierto) se aplica un escalón en la variable de mando. Se estima sobre la respuesta de la salida (curva de reacción del proceso) el retardo ρ y la pendiente de subida para escalón unitario: a / ρ. Ver la *Figura F.3*
2) Ajuste: Los ajustes recomendados se resumen en la siguiente tabla.

2ª Tabla de ajustes de Ziegler-Nichols

	aK	T_i / ρ	T_d / ρ
P	1		
PI	0,9	1/0,3	
PID	1,2	2	1/2

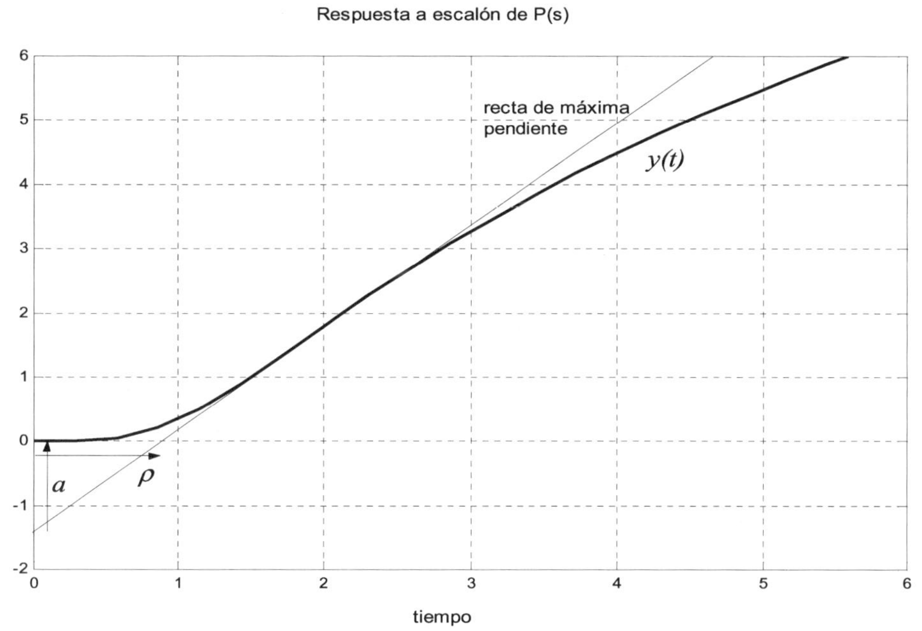

FIGURA F.3 Curva de reacción de un proceso

PROBLEMAS

PF.1 Considérense dos formulaciones (interactiva y una variante de la no interactiva: I + PD) de un regulador PID:

$$C(s) = K_P \frac{1+Is}{Is}\frac{1+Ds}{1+fDs} = K\left(\frac{1}{T_i s} + \frac{1+T'_d s}{1+\frac{T'_d}{N'}s}\right)$$

a) Obtener los parámetros K, T_i, T'_d, N', en función de K_P, I, D, f. Usar la relación $\mu = 1 + (1 - f)D/I$. Demostrar que K_I se conserva.

b) Demostrar que los parámetros son similares si $D << I$. Obsérvese que son iguales ($\mu = 1$) para PI y PD, y que en general $1 \le \mu \le 2$

c) Obtener T'_d / T_i para $D = I$ y $f = 0$. Obsérvese que es la que dan las tablas de Ziegler-Nichols.

d) Obtener μ en función de K, T_i, T'_d, N'.

e) Obtener el máximo valor de T'_d / T_i que permite obtener un regulador interactivo, para $N' = \infty$ y $N' = 5$.

PF.2Reguladores con dos grados de libertad en PI y PID (interactivo). Sin modificar los controles $C(s)$ diseñados en **8.4**, pruébese a mejorar el comportamiento frente a escalón en referencia modificando $C_r(s)$. Por motivos de espacio se darán ecuaciones en vez de diagramas de bloques; pero se recomienda dibujar estos últimos.

$$u(s) = C_r(s)r(s) - C(s)y(s)$$

Control PI con ponderación de la referencia:

$$u(s) = K_P\left[\frac{1}{Is}[r(s) - y(s)] + br(s) - y(s)\right]$$

a) Ajustar el parámetro b y anotar M_p y t_s para:
- ○ $b = 1$: regulador de un grado de libertad, $Cr(s) = C(s)$
- ○ Mínimo t_s.
- ○ $Mp = 0\%$ con el mínimo t_s.
- ○ $b = 0$: acción proporcional solamente sobre la salida.

Control PI con filtro de referencia:

$$u(s) = K_P\left[\frac{1}{Is} + 1\right][r(s)F_r(s) - y(s)]$$

b) Obtener $F_r(s)$ equivalente al esquema de a)

c) Si $F_r(s) = \dfrac{1}{1 + \tau s}$, ajustar el parámetro τ y anotar M_p y t_s para:
- ○ $b = 0$
- ○ $Mp = 1\%$
- ○ Mínimo t_s.

Control PID con ponderación de la referencia:

$$u(s) = K_P \frac{1 + Ds}{1 + fDs}\left[\frac{1}{Is}[r(s) - y(s)] + br(s) - y(s)\right]$$

d) Ajustar el parámetro b y anotar M_p y t_s para:
- ○ $b = 1$: regulador de un grado de libertad, $C_r(s) = C(s)$
- ○ Mínimo t_s.
- ○ $M_p = 0\%$ con el mínimo t_s.

Control PID con ponderación de la referencia; el bloque PD actúa sobre la salida:

$$u(s) = K_P\left[\frac{1}{Is}r(s) + br(s) - y(s)\frac{(1+Is)(1+Ds)}{Is(1+fDs)}\right]$$

e) Ajustar el parámetro b y anotar M_p y t_s para:
- $b = 1$
- Mínimo t_s.
- $M_p = 0\%$ con el mínimo t_s.

Control PID con filtro de referencia:

$$u(s) = K_P\frac{(1+Is)(1+Ds)}{Is(1+fDs)}\left[r(s)F_r(s) - y(s)\right]$$

f) Ajustar un filtro de referencia cancelando los polos y ceros lentos del lazo cerrado. Anotar M_p y t_s.

PF.3 Un caso muy simple para ver el efecto de la saturación del mando con control proporcional. $P(s) = \frac{1}{10s}$

a) Ajustar un control proporcional para un tiempo de establecimiento de 1,5
b) Representar el valor de la salida $y(t)$ en un arranque con referencia $r(t) = 1$, $y(0) = 0$, si el mando máximo es 1. Indicar el tiempo de arranque hasta el 5% y hasta el 1% del valor final.
c) Indicar el valor máximo necesario en el mando para que el tiempo de arranque hasta el 5% coincida con el tiempo de establecimiento.
d) Repetir b) si el mando máximo es 5.

PF.4** A pesar de la marca**, este problema se pensó inicialmente para hacerlo a mano. Compruébense de esta forma los resultados. Saturación proporcional y saturación integral.

$P(s) = \frac{1}{10s(1+s)}$ Mando limitado al 100%

Control P, $B = 8\%$

a) Tiempo de alcance y tiempo de establecimiento para un escalón en referencia suficientemente pequeño, que no llegue a saturar el mando. Indicar el valor máximo de este escalón.

b) Realizar un boceto del arranque desde $y(0) = 0$ con referencia $r(t) = 1$, representando $y(t)$ y $u(t)$, y acotando los tiempos. Comprobar con un programa de simulación.

Control PI, $B = 15\%$, $R = 0{,}1$ repeticiones

c) Tiempo de alcance y tiempo de establecimiento para un escalón en referencia suficientemente pequeño, que no llegue a saturar el mando. Indicar el valor máximo de este escalón.
d) Realizar un boceto del arranque desde $y(0) = 0$ con referencia $r(t) = 1$, representando $y(t)$ y $u(t)$, y acotando los tiempos. Comprobar con un programa de simulación.
e) Suponer una realización en paralelo del control PI, con un artificio que aplique 0 a la entrada del integrador cuando el mando está saturado. Repetir d) y comparar.

PF.5 Analizar algunas propiedades de los ajustes de Ziegler-Nichols que pueden estudiarse, a pesar de la escasez de información sobre el sistema.

1ª Tabla:

a) Dar una especificación de amortiguamiento del control P.
b) Indicar el retraso de fase que produce el PI a la pulsación ω_u. Indicar si es razonable el ajuste recomendado K/K_u. Comparar con las recomendaciones del capítulo **8**.
c) Convertir el PID no interactivo en otro interactivo, suponiendo $N = \infty$.
d) Basándose en el diseño de PID interactivo, y suponiendo que la pulsación ω_u con control P se convierte en ω_0 con control PID, dar el valor necesario de K/K_u y el margen de fase que se obtiene. Indicar el adelanto y el retraso de fase a esa pulsación, φ_{PD} y φ_{PI}. Discutir los resultados, especialmente el galor de ganancia en comparación con la tabla.

2ª Tabla. Suponer el modelo $P(s) = a\dfrac{e^{-\rho s}}{\rho s}$

e) Obtener la curva de reacción de este modelo, y comprobar que se obtienen los parámetros indicados.
f) Demostrar que $T_u = 4\rho$, y por tanto coinciden los ajustes T_i, T_d en ambas tablas.
g) Indicar el margen de ganancia que se obtiene con control P, y demostrar que con este modelo el amortiguamiento sería escaso en la 2ª Tabla.
h) Observar que los ajustes de K son proporcionales en ambas tablas.

G

LUGAR DE LAS RAÍCES

Los polos de la función de transferencia en lazo cerrado $F(s)$, o *raíces* del denominador (o de la ecuación característica), contienen información muy importante sobre la estabilidad y la respuesta temporal de un sistema. La técnica del lugar de las raíces permite relacionar la situación de las raíces con parámetros de diseño del lazo abierto $G(s)$, de forma gráfica y por tanto fácilmente interpretable por el diseñador.

El lugar de las raíces da lugar a técnicas de análisis y diseño que pueden considerarse alternativas, o mejor complementos, a los métodos de respuesta en frecuencia. Su mayor atractivo reside en una conexión más inmediata con la respuesta temporal, ayudando a explicar algunas peculiaridades de la misma que la similitud con sistemas de *segundo orden* no aclaran. También ofrece posibilidades de análisis cualitativo de la estabilidad más cómodas que el criterio de Nyquist para algunos casos.

Puede obtenerse un boceto del lugar de las raíces aplicando un conjunto reducido de reglas sencillas. Para obtener un gráfico más preciso, se recomienda usar ordenador; en MATLAB, *Control Toolbox*, la instrucción clave es `rlocus`. También se puede usar `sisotool`.

La mayoría de los textos básicos de control incluyen una descripción de esta técnica. Los artículos originales de Evans (1948, 1950) pueden consultarse con provecho; se recogen en **Thaler**.

G.1 Planteamiento

El lugar de las raíces es un gráfico que recoge las trayectorias que describen en el plano complejo las raíces de la ecuación característica al variar un parámetro. Puede obtenerse mediante ordenador, resolviendo la ecuación característica para distintos valores del parámetro; pero también es posible dibujar, para sistemas de orden no muy elevado, un boceto aproximado del lugar de las raíces, mediante técnicas simples y cierta experiencia (no difícil de adquirir). Incluso en la era de los ordenadores estas técnicas representan una ayuda inestimable para orientar el diseño.

Las reglas de construcción del lugar de las raíces requieren una factorización especial, que se describe a continuación. Se suponen dados los polos p_i y los ceros z_i del lazo abierto, y que el parámetro variable es un factor o ganancia η. Debe observarse que no es en general la ganancia estática ni la ganancia necesaria para obtener la precisión, aunque muchas veces está estrechamente relacionada con ellas. Queda así el lazo abierto:

$$G(s) = \eta \frac{\prod_{i=1}^{m} s - z_i}{\prod_{i=1}^{n} s - p_i}$$

Ejemplo G.1

En este caso (de orden 2) es sencillo obtener las raíces de forma analítica; pero será útil revisar sobre este ejemplo las técnicas gráficas. La factorización es:

$$G(s) = \frac{K_1}{s(1+0{,}1s)} = \eta \frac{1}{s(s+10)} \qquad \eta = 10K_1$$

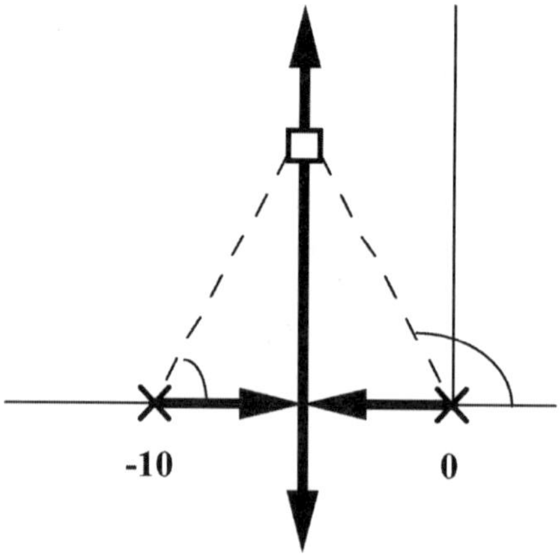

FIGURA G.1 Lugar de las raíces de $\eta \frac{1}{s(s+10)}$

- Para $\eta = 0$ las raíces son los polos de lazo abierto, 0 y –10
- Al crecer η, las raíces son reales al principio, aproximándose a –5 por la derecha y por la izquierda.
- Para $\eta = 25$ la raíz es –5 (doble).
- Al seguir creciendo η las raíces se hacen complejas, con parte real constante (= –5) y parte imaginaria creciente.
- Para $\eta = 50$ las raíces tienen parte real e imaginaria iguales, dando un amortiguamiento razonable ($\zeta = \sqrt{2}/2$). Para $\eta = 100$ el amortiguamiento es menor, aunque también razonable ($\zeta = 1/2$). Estos valores darían ajustes de K_1 entre 5 y 10.
- Al crecer η las raíces no pasan al semiplano derecho, y el sistema conserva la estabilidad, aunque el amortiguamiento tiende a 0 al tender η a ∞.

§

G.2 Condiciones básicas y reglas de construcción

Las raíces del polinomio característico, o polos del lazo cerrado, son las soluciones de la ecuación característica:

$$1 + G(s) = 0$$

Usando la factorización definida en **G.1** se obtendrán dos formas de la ecuación útiles para comprender las condiciones básicas y las reglas de construcción.

La forma polinómica

$$\prod_{i=1}^{n}(s - p_i) + \eta\prod_{i=1}^{m}(s - z_i) = 0$$

indica que:

- ○ El número de raíces coincide con el número de polos o de ceros (n o m), según cuál sea mayor.
- ○ Para $\eta = 0$ hay n raíces coincidentes con los polos.
- ○ Para $\eta = \infty$ hay m raíces coincidentes con los ceros.

Otra forma de la ecuación característica:

$$\eta\frac{\prod_{i=1}^{m} s - z_i}{\prod_{i=1}^{n} s - p_i} = -1$$

interpretada geométricamente, mediante argumentos y módulos de vectores, conduce a las condiciones argumental y modular.

G.2.1 Reglas para n $\geq$ m, $\eta \geq 0$

Dos condiciones básicas permiten investigar si un punto del plano complejo pertenece al lugar, y para qué valor del parámetro.

Condición argumental

Esta condición permite determinar si el lugar de las raíces pasa por un punto concreto, para algún valor positivo, todavía sin especificar, del parámetro η. Un punto s del plano complejo pertenece al lugar de las raíces si, y solamente si:

$$\sum_{i=1}^{n} \arg[s - p_i] - \sum_{i=1}^{m} \arg[s - z_i] = (2q + 1)\pi \qquad q \text{ entero}$$

Nótese que $s - p_i$ es, geométricamente, un vector que va desde p_i hasta s.

Condición modular

Una vez determinado un punto s del plano complejo por el que pasa el lugar, esta condición permite obtener el valor correspondiente del parámetro η:

$$\eta = \frac{\prod_{i=1}^{n} \mathrm{mod}[s - p_i]}{\prod_{i=1}^{m} \mathrm{mod}[s - z_i]}$$

Ejemplo G.2

También en este caso es sencillo obtener las raíces de forma analítica.
El punto s = –2+2j pertenece al lugar, ya que cumple la condición argumental:

$$\arg[s] + \arg[s + 2] - \arg[s + 4] = 135° + 90° - 45° = 180°$$

El valor correspondiente del parámetro es:

$$\eta = \frac{\mathrm{mod}[s] \cdot \mathrm{mod}[s + 2]}{\mathrm{mod}[s + 4]} = \frac{2\sqrt{2} \cdot 2}{2\sqrt{2}} = 2$$

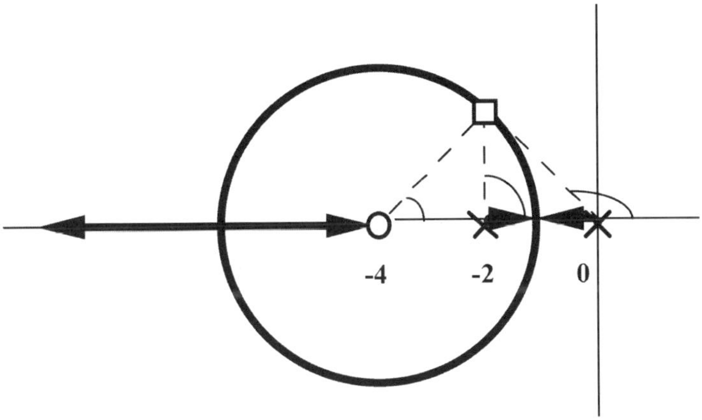

FIGURA G.2 Lugar de las raíces de $\eta\dfrac{s+4}{s(s+2)}$

§

Regla 1

- El lugar se compone de n ramas que parten (para $\eta = 0$) de los polos, y de las cuales m llegan (para $\eta = \infty$) a los ceros; $n–m$ ramas deben ir a valores de módulo infinito (ver la Regla 4)

Es útil visualizar el lugar de las raíces como un conjunto de ramas, o trayectorias seguidas por cada raíz particular al variar η de 0 a ∞. Es normal que las ramas se corten, es decir, que haya raíces múltiples para algunos valores de η; no puede decirse cuál es la raíz que sigue por cada rama, pero el concepto de continuidad de cada rama es útil.

La regla se deduce fácilmente de la forma polinómica de la ecuación característica y de la condición $n \geq m$

Regla 2

- Pertenecen al lugar todos los tramos del eje real que dejen a su derecha un número impar de polos y ceros, considerados indistintamente.

La condición argumental es especialmente simple de aplicar a valores reales de s: los polos y ceros a la derecha del punto considerado contribuyen argumentos = π, cumpliendo la condición argumental si se dan en número impar; los polos y ceros a la izquierda, y los polos y ceros conjugados contribuyen argumentos nulos, y no cuentan.

Regla 3

- El lugar es simétrico con respecto al eje real, no sólo globalmente, sino para cada valor específico de η.

Esto se debe a que los posibles polos y ceros complejos van siempre en pares conjugados. Por tanto, es suficiente dibujar la parte superior del lugar, aunque esta condición de simetría suele ayudar a descartar posibilidades al establecer un boceto del lugar.

Regla 4

- Las n–m ramas que van a infinito se aproximan a asíntotas con inclinaciones ϕ_A, con origen en el punto O_A del eje real:

$$\phi_A = (2q+1)\frac{\pi}{n-m} \qquad q \text{ entero} \qquad O_A = \frac{\sum_{i=1}^{n} p_i - \sum_{i=1}^{m} z_i}{n-m}$$

Tabla G.1 Inclinaciones de las asíntotas

Número de asíntotas, n–m	Ángulos de las asíntotas, ϕ_A°	Para $\eta < 0$
1	180°	0°
2	± 90°	0°; 180°
3	180°; ± 60°	0°; ± 120°
4	± 45°; ± 135°	0°; ± 90°; 180°

Se considera la forma del lugar para valores de s de módulo ∞, es decir, suficientemente alejados de los polos y ceros. Por tanto, todos ellos contribuyen igual ángulo ϕ_A en la condición argumental, y las ramas deben conservar este ángulo, convirtiéndose en líneas rectas (asíntotas), con el ángulo indicado.

La demostración de la fórmula dada para el origen O_A de las asíntotas se omite por ser más laboriosa; puede consultarse **Franklin**.

Compruébense las asíntotas de los *Ejemplos G.1* y *G.2*.

Nota

Las cuatro reglas anteriores forman un conjunto mínimo (y sencillo) de reglas que permiten realizar rápidamente bocetos del lugar de las raíces, por ejemplo para estudiar cualitativamente la estabilidad en función de η.

Ejemplo G.3

$$\eta \frac{s+4}{s(s+2)(s+10)(s+40)}$$

3 asíntotas a 180° y ± 60°, que se cortan en $O_A = -16$.

Realizar un boceto de este lugar. Dar dos formas posibles del mismo, que cumplan las reglas establecidas hasta ahora (pista: ver los comentarios a la Regla 5)

§

Regla 5

- Pueden obtenerse los puntos de salida y llegada del eje real obteniendo máximos y mínimos de η sobre el mismo.

La aplicación de la Regla 2 implica frecuentemente que pertenece al lugar un tramo entre dos polos. Si parte una rama de cada polo, deben confluir en un punto intermedio (no necesariamente equidistante de los polos) y salir a continuación a valores complejos. Si, mediante la condición modular, se gradúa el eje real con el parámetro η, éste valdrá 0 en ambos polos, y tendrá un valor máximo en el punto de salida.

Por otra parte, si se obtiene un mínimo (típicamente, entre dos ceros), ello querrá decir que llegan dos ramas de valores complejos a ese punto.

Entre un polo y un cero frecuentemente η crece monótonamente, y hay una rama simple. Pero también puede haber un máximo y un mínimo, que indican una situación más compleja, con una salida y una llegada de ramas.

Aunque estos máximos y mínimos pueden plantearse de forma analítica, es extremadamente fácil equivocarse al obtener las derivadas con respecto a η, y en todo caso ello conduce a una ecuación del mismo orden que la ecuación característica, que es preciso resolver. Para aplicación manual se recomienda obtener los máximos y mínimos por tanteo.

Comprobar que en el *Ejemplo G.2* se obtiene un punto de salida en –1,2 y un punto de entrada en –6,8.

Sobre el *Ejemplo G.3*, determinar cuál es la solución verdadera, aplicando esta Regla 5.

Regla 6

- Cuando hay polos o ceros complejos, puede obtenerse el ángulo de salida o llegada de la rama correspondiente aplicando la condición argumental a un punto infinitesimalmente próximo. Esto es útil también en los casos de polos y ceros reales, si son múltiples.

Regla 7

- El corte de una rama del lugar y el eje imaginario indica una condición de oscilación, y frecuentemente un límite de estabilidad. Puede tantearse con la condición argumental para buscar estos puntos. También puede usarse algún criterio de estabilidad, como el de Nyquist, para obtener ω_u, que es precisamente la altura del corte del eje imaginario.

G.2.2 Relajación de restricciones

Se han presentado en **G.2.1** las reglas del lugar de las raíces para $n \geq m$, $\eta \geq 0$, y suponiendo que el parámetro η es una ganancia del lazo abierto. Ello ha sido conveniente para concretar el caso más frecuente; pero es fácil aplicar las mismas ideas a otros casos.

$\eta \leq 0$

Si el parámetro es negativo, lo que cambia esencialmente es la condición argumental:

$$\sum_{i=1}^{n} \arg[s - p_i] - \sum_{i=1}^{m} \arg[s - z_i] = 2q\pi \qquad q \text{ entero}$$

La condición modular da ahora el módulo de η. Y cambian correspondientemente los detalles de las reglas basadas en la condición argumental:

Regla 2a

- Pertenecen al lugar todos los tramos del eje real que dejen a su derecha un número *nulo o par* de polos y ceros, considerados indistintamente.

Es decir, precisamente los tramos que no pertenecen con $\eta \geq 0$.

Regla 4a

$$\phi_A = 2q \frac{\pi}{n - m} \qquad q \text{ entero}$$

Los ángulos de las asíntotas cambian (aunque no el punto O_A). Ver la *Tabla G.1*.

Ejemplo G.4

$$G(s) = \frac{K_1(1-0{,}2s)}{s(1+0{,}1s)^2} = \eta\frac{s-5}{s(s+10)^2} \qquad \eta = -20K_1$$

Compruébese, mediante un boceto del lugar, que el sistema siempre es inestable para $\eta > 0$, que corresponde a $K_1 < 0$. De aquí la necesidad de trazar el lugar para $\eta < 0$.

§

n < m

Puede establecerse un conjunto de reglas correspondientes para este caso. Pero lo más sencillo es aplicar las mismas reglas a una ecuación característica modificada, cambiando los ceros por polos y empleando el parámetro inverso. Ello implica un cambio de sentido de las ramas, que van de los polos a los ceros en cualquier caso. Véase el *Ejemplo G.5*

$$\frac{1}{\eta}\frac{\prod_{i=1}^{n} s-p_i}{\prod_{i=1}^{m} s-z_i} = -1$$

Otros parámetros distintos

Pueden aplicarse las técnicas descritas siempre que se consiga una factorización semejante para la ecuación característica. En estas condiciones η debe ser función del parámetro deseado, y los polos y ceros no son necesariamente los del lazo abierto.

Ejemplo G.5

Lazo abierto $G(s) = \frac{10}{s(1+Ts)}$ parámetro T

Ecuación característica $10 + s + Ts^2 = 0$

Dividiendo por $10 + s$: $1 + T\frac{s^2}{s+10} = 0$

Puede determinarse el lugar de las raíces en función de $\eta = T$; nótese que $n < m$. Hay dos ceros en el origen y un polo -10, que obviamente no

son los del lazo abierto. En general hay dos raíces, aunque para $\eta = 0$ sólo habría una, lo cual se indica situando la segunda en $-\infty$.
§

G.3 INTRODUCCIÓN AL DISEÑO DE DISTINTOS CONTROLES

La aplicación de las reglas descritas en **G.2** conduce a un boceto general del aspecto del lugar. Es imprescindible, sin embargo, alguna experiencia con lugares de las raíces para encontrar rápidamente soluciones que cumplan las reglas. Las condiciones argumental y modular pueden emplearse posteriormente para afinar en las zonas que se consideren más importantes para el diseño: transiciones del semiplano izquierdo al derecho para determinar condiciones de estabilidad, raíces más significativas (normalmente las más lentas, o de menor módulo), zonas de amortiguamiento especificado, etc.

Considérese el modelo descrito en la *Figura G.3*, con la planta:

$$P(s) = \frac{1}{s(1+0{,}4s)(1+0{,}1s)}$$

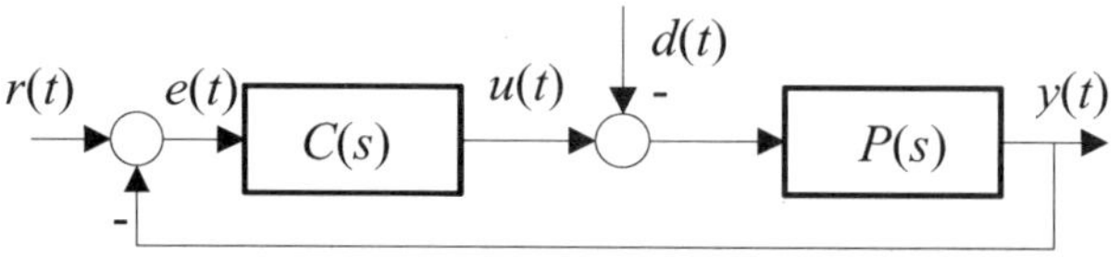

FIGURA G.3 Sistema de control

G.3.1 Control Proporcional C(s) = K_P

$$G(s) = \frac{K_P}{s(1+0{,}4s)(1+0{,}1s)} = \eta \frac{1}{s(s+2{,}5)(s+10)} \qquad K_P = \frac{\eta}{25}$$

Origen de las 3 asíntotas

$O_A = -12{,}5/3$

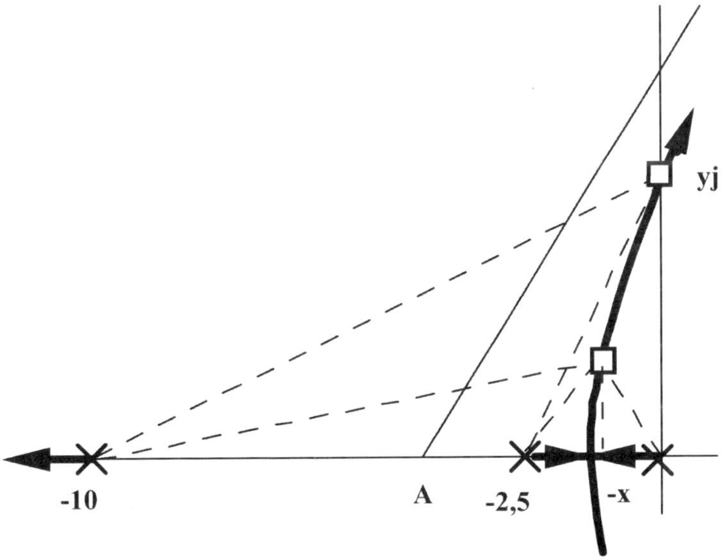

FIGURA G.3 Boceto de lugar de las raíces; control P

Corte con el eje imaginario

Indica el valor η_u del parámetro para el cual el sistema es oscilante, y la pulsación de oscilación ω_u

$$90^\circ + \text{arctg}\frac{\omega_u}{2{,}5} + \text{arctg}\frac{\omega_u}{10} = 180^\circ \qquad \omega_u = 5$$

$$\eta_u = 5 \cdot \sqrt{5^2 + 2{,}5^2} \cdot \sqrt{5^2 + 10^2} = 312{,}5 \qquad K_{Pu} = 12{,}5$$

Punto de salida del eje real

Máximo de la función $x(2{,}5-x)(10-x)$, entre 0 y 2,5: $x = 1{,}162$; $\eta = 13{,}74$. Este valor daría un diseño de control proporcional con amortiguamiento crítico, $\zeta = 1$, en las raíces dominantes.

$$F_d(s) = \frac{25 \cdot 7{,}5}{7{,}5} \frac{-1}{(s^2 + 5s + 25)(s + 7{,}5)}$$

La ganancia estática $F_d(0)$ es $-1/K_P$, a partir del error al escalón en perturbación. El efecto de la tercera raíz (–7,5) no se cancela; la respuesta tendrá menos sobrepaso.

G.3.3 Control Proporcional Integral C(s) = K$_P$ (1+ Is)/Is

La introducción de un polo nulo mejora cualitativamente la precisión. Se introduce además un cero suficientemente próximo al polo, con el objeto de que el lugar no cambie demasiado en la zona de las raíces dominantes.

$$G(s) = \frac{K_P(1 + Is)}{Is^2(1 + 0{,}4s)(1 + 0{,}1s)} = \eta \frac{s - z}{s^2(s + 2{,}5)(s + 10)} \qquad I = \frac{-1}{z} \qquad K_P = \frac{1}{25}\eta$$

Se desea que las raíces dominantes tengan el mismo amortiguamiento $\zeta = 0{,}5$. Puede demostrarse que deben resultar algo más lentas que con el control P: se especifican en $-0{,}9 \pm 0{,}9\sqrt{3}j$.

Aplicando a este punto la condición argumental faltan 6,0°, que deben ser compensados por la pareja de polo y cero añadidos.

$$120° + \operatorname{arctg}\frac{0{,}9\sqrt{3}}{2{,}5 - 0{,}9} + \operatorname{arctg}\frac{0{,}9\sqrt{3}}{10 - 0{,}9} = 180° - 6{,}0°$$

$$120° - 90° - \operatorname{arctg}\frac{0{,}9 + z}{0{,}9\sqrt{3}} = 6{,}0° \qquad z = -0{,}2068$$

$$\eta = \frac{1{,}8^2 \cdot \sqrt{0{,}81 \cdot 3 + 1{,}6^2} \cdot \sqrt{0{,}81 \cdot 3 + 9{,}1^2}}{\sqrt{0{,}81 \cdot 3 + (0{,}9 + z)^2}} = 39{,}2 \qquad K_P = 1{,}57 \qquad I = 4{,}84$$

$$C(s) = 1{,}57 \frac{1 + 4{,}84s}{4{,}84s}$$

Funciones de transferencia en lazo cerrado

No es difícil obtener las dos raíces restantes: –0,2390 y –10,46. El cero del lazo abierto se conserva en el lazo cerrado, y la ganancia estática debe ser 1:

$$F(s)=\frac{0{,}2390\cdot 3{,}24\cdot 10{,}46}{0{,}2086}\frac{s+0{,}2086}{s+0{,}2390}\frac{1}{(s^2+1{,}8s+3{,}24)(s+10{,}46)}$$

La raíz (–10,46) es bastante más rápida. La raíz (–0,2390) es bastante más lenta, pero está parcialmente cancelada; domina el cero, y por tanto el sobrepaso será algo mayor del correspondiente al amortiguamiento de diseño.

$$F_d(s)=\frac{-1}{C(s)}F(s)=\frac{-s}{K_P(s-z)}F(s)$$

$$F_d(s)=-\frac{0{,}2390\cdot 3{,}24\cdot 10{,}46}{0{,}2086\cdot 1{,}57}\frac{s}{s+0{,}2390}\frac{1}{(s^2+1{,}8s+3{,}24)(s+10{,}46)}$$

La ganancia estática $F_d(0)$ es 0, anulando el error al escalón en perturbación. La dinámica más lenta viene dada por la raíz (–0,2390), es decir, una constante de tiempo cercana a *I*.

PROBLEMAS

PG.1 Para cada uno de los sistemas con el lazo abierto que se indica:

$$\eta\frac{1}{(s+5)^3}\qquad \eta\frac{1}{s(s+5)^2}\qquad \eta\frac{1}{s^2(s+5)}$$

a) Realizar un boceto del lugar de las raíces, aplicando todas las reglas posibles.
b) Determinar las condiciones de estabilidad, y la pulsación de oscilación si existe.
c) Si es posible, el valor de η para un amortiguamiento de las raíces dominantes $\zeta = 0{,}5$. ¿Cuánto vale la tercera raíz?

PG.2 Para la función de transferencia en lazo abierto:

$$K\frac{(1+Ts)^2}{s(s^2+100)}$$

a) Realizar bocetos del lugar de las raíces, para $T = 0$, $T = 0{,}05$ y $T = 0{,}2$.
b) Determinar las condiciones de estabilidad en función de K, y la pulsación de oscilación para $T = 0{,}05$.
c) Determinar el valor mínimo de T para que el sistema sea estable para todo K.

PG.3 A partir del sistema de la *Figura G.3*, con:

$$C(s) = K_P(1 + Ds) \qquad P(s) = \frac{1}{s(1 + 0{,}1s)^3}$$

a) Valores de K_P y D para que el lazo cerrado tenga un par de polos de segundo orden con $\zeta = \sqrt{2}/2$ y $\omega_d = 5$.
b) Boceto del lugar de las raíces.
c) Polos y ceros del lazo cerrado en el punto de diseño. Identificar los efectos dominantes en la respuesta a un escalón.

PG.4 Para el lazo abierto:

$$\eta \frac{s^2 + 10s + 50}{s(s^2 + 25)}$$

a) Boceto del lugar de las raíces. Obtener los ángulos de salida y llegada de las ramas complejas.
b) Determinar las condiciones de estabilidad, y si es posible ajustar amortiguamientos $\zeta = 0{,}5$, $\zeta = 0{,}7$, $\zeta = 0{,}8$ en las raíces complejas.

PG.5 En el sistema de control de la *Figura G.3* se medirá el amortiguamiento por el de las raíces complejas, y se fijará en $\zeta = \sqrt{2}/2$. La parte imaginaria de las raíces, ω_d, indica la rapidez.

$$C(s) = K_P(1 + Ds) \qquad P(s) = \frac{1}{s(1 + 0{,}4s)(1 + 0{,}1s)}$$

a) Boceto del lugar de las raíces para control proporcional ($D = 0$).
b) K_P y D para $\omega_d = 2$. Boceto del nuevo lugar. Anotar los incrementos de precisión y rapidez.
c) Comparar las posiciones de polos y ceros adicionales (de lazo cerrado) en a) y b).
d) Estudiar el límite de máxima rapidez posible. Hacer un diseño cerca del límite, y comparar la precisión con las de a) y b).
e) Manteniendo fija la K_P de a), estudiar el lugar de las raíces variando D.

PG.6 A partir del diagrama de bloques:

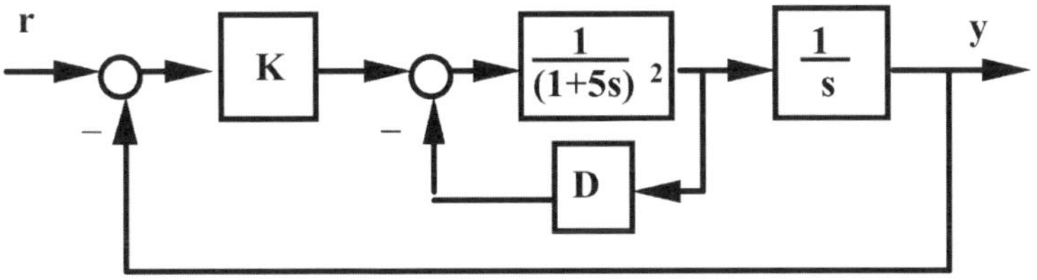

a) Para D = 0, estudiar el lugar de las raíces con parámetro K. Ajustar K para $\zeta = 0,6$. Dar K_u, la ganancia límite para que el sistema sea estable.

b) Estudiar el lugar con parámetro D, para $K = K_u$.

c) Estudiar el lugar con parámetro D, para precisión constante, igual a la correspondiente a $K = K_u$, D = 0.

PG.7 A partir del diagrama de bloques:

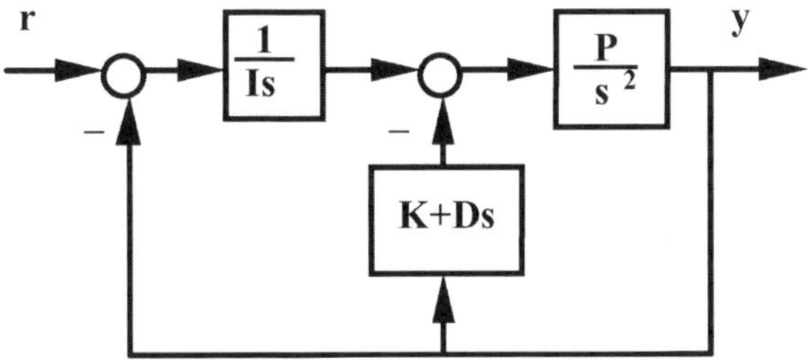

a) Para P = 1, valores de I, K, D para que el sistema tenga tres raíces en –2.

b) Lugar de las raíces variando P, con el resto de parámetros ajustados como en a)

c) Lugar de las raíces variando I, con el resto de parámetros ajustados como en a)

PG.8 Considérese el sistema realimentado, de lazo abierto:

$$G(s) = \eta \frac{s+\alpha}{s(s+9)^2}$$

a) Valores de α y η para obtener una raíz triple.

Los dos siguientes apartados suponen el valor de α obtenido en a):

b) Boceto del lugar de las raíces, variando η.

c) Valor de η para $\zeta = 0,5$. Puede aproximarse suponiendo que las raíces están sobre las asíntotas.

Los dos siguientes apartados suponen el valor de η obtenido en a):
d) Boceto del lugar de las raíces, variando a.
e) Valor máximo de a para que el sistema sea estable.

PG.9 A partir del sistema de la *Figura G.3*, con:

$$C(s) = K_P(1 + Ds) \qquad\qquad P(s) = \frac{1}{s(1 + 0{,}366s)^2}$$

a) Mediante la técnica del lugar de las raíces, obtener valores de D y K_P tales que el lazo cerrado tenga raíces con $\zeta = 0{,}5$ y $\omega_n = 2$.
b) Hacer un boceto del lugar de las raíces para el valor de D hallado en el apartado anterior. Discutir la estabilidad en función de K_P.
c) Hallar los polos y ceros del lazo cerrado. Discutir la respuesta $y(t)$ para un escalón en $r(t)$.
d) Para respuesta a perturbación $d(t)$, indicar la ganancia estática, los polos y los ceros del lazo cerrado. Discutir la respuesta $y(t)$ para un escalón en $d(t)$.
e) Hacer un boceto del lugar de las raíces para el valor de K_P hallado en el apartado anterior b), con parámetro D.